AF609391

RÉGNE ORGANIQUE.

Enchainement linéaire et gradué des Êtres organisés.

par P. J. F. Turpin.

RENONCULE.

Lignes horizontales indiquant comment, en apparence, le nombre des rapports diminue, progressivement, à mesure que l'on s'élève vers les Êtres les plus parfaits: comme par exemple de six à un, établis arbitrairement, dans ce Tableau. J'ai dit en apparence parce qu'au fond, les rapports une fois établis ne peuvent disparaître; mais seulement être masqués par des organes sur-ajoutés de l'intérieur à l'extérieur.

HOMME.

— 1 —

— 2 —

— 3 —

— 4 —

— 5 —

— 6 —

Ligne sur laquelle les Êtres vivants se Végétalisent.

Ligne sur laquelle les Êtres vivants s'Animalisent.

BRANCHE VÉGÉTALE.

COMPOSÉS, OU APPENDICULAIRES.

Axes munis de nœuds-vitaux et d'organes appendiculaires. Tissu cellulaire-vasculaire. Sexes et fécondation. Possédant les trois moyens de reproduction, par les Embryons latens, les Embryons-fixes et les Embryons graines.

SPERMÉS. Polycotylédons. *Deux ou plusieurs feuilles cotylédonaires, opposées ou verticillées rarement soudées.* Systèmes *térien et Terrestre presqu'égaux.*

Monocotylédons. *Feuille cotylédonaire unique, latérale, soudée en gaine. Pivot du Système terrestre tronqué.*

SIMPLES, OU AXIFÈRES.

Réduits à l'Axe. Nœuds-vitaux *et organes appendiculaires nuls.* Tissu cellulaire. *Point de sexes.*

Acotylédons. *Se reproduisant par Gemmes ou par les Embryons latens.* Système *Terrestre presque nul.*

ASPERMES. *n'Ayant pas encore la faculté de se reproduire.* Système *Terrestre, nul.*

BRANCHE ANIMALE.

VERTÉBRÉS.

MAMMIFÈRES. VIVIPARES. *Membres appendiculaires. Système extérieur pileux.*

MAM.S CÉTACÉS. *Memb. append. rudimentaires terminés en nageoires. Syst. me extérieur dépourvu de poils.*

OISEAUX. OVIPARES. *4 Memb. append. les 2 ant.res rudim.res servant à voler. Syst. ext. plumeux.*

REPTILES. *Memb. append.es 4, 2 ou nuls. Syst. ext. osseux, écailleux ou nu.*

POISSONS. *Memb. append. rudim.es terminés en nageoires. Syst. exter. écailleux ou nu, respirant par des Branchies.*

INVERTÉBRÉS.

MOLLUSQUES. INARTICULÉS. *Nus. Cont.nant une coquille. Cont.us dans une coq.*

CRUSTACÉS. ARACHNIDES. INSECTES. ARTICULÉS. *Système osseux placé à l'extérieur.*

ZOOPHYTES. *Anthoïdes ou Rayonnés.*

INFUSOIRES HOMOGÈNES. *Tissu cellul.re homogène. Se reproduis.nt par Bourgeons. Vivant par des pores.*

VÉGÉTO-ANIMAUX.

ÊTRES mixtes, *de première formation, s'organisant spontanément de la matière en dissolution, et donnant naissance, par gradation, aux Branches* Végétale *et* Animale.

Réduction Géometrique d'un Tableau dans le quel les Branches Végétale et Animale, avec leurs rameaux latéraux, sont représentées par un grand nombre d'Êtres gradués et dessinés d'après nature.

Réduction Géometrique d'un Tableau dans le quel les Branches Vég[...]nimale, avec leurs rameaux latéraux, sont représentées par un grand nombre d'Êtres gradués et dessinés d'après nature.

TABLEAU I.

Organes élémentaires.

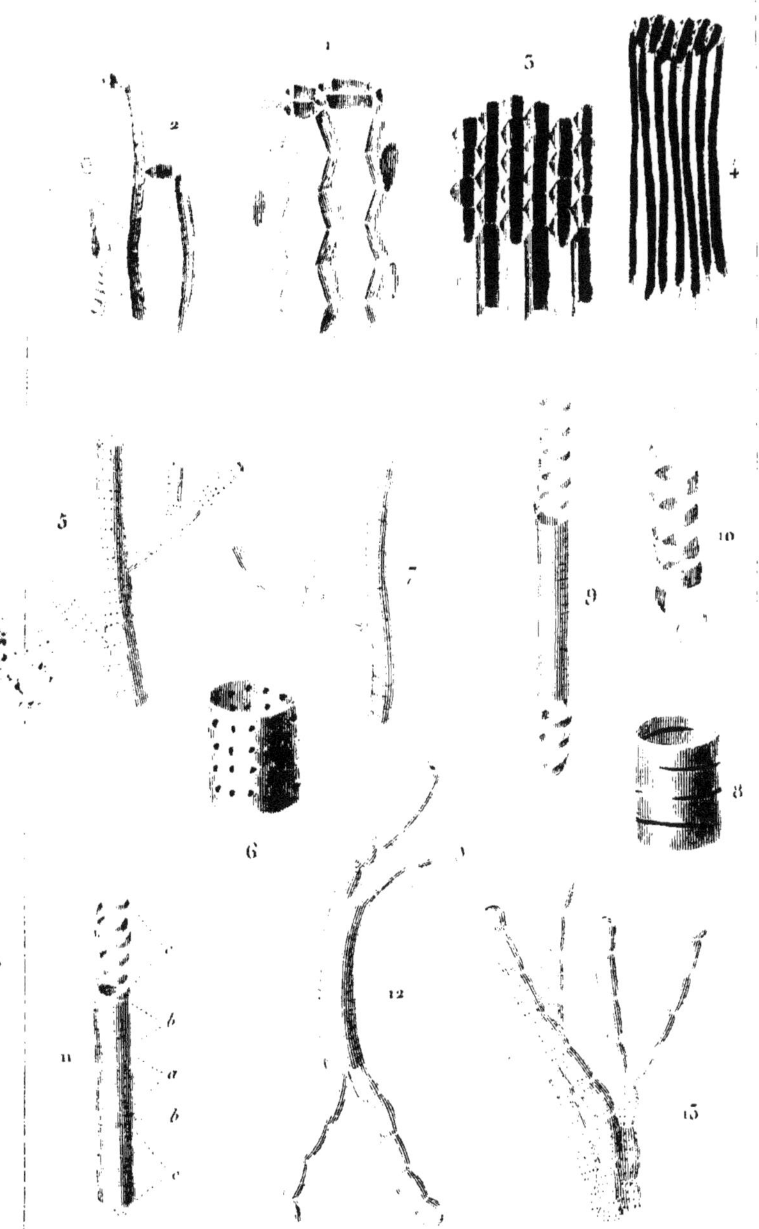

Turpin pinx.t et direx.t *Par. I.* *M.e Rebel sc.*

TABLEAU II.

Organisation végétale.

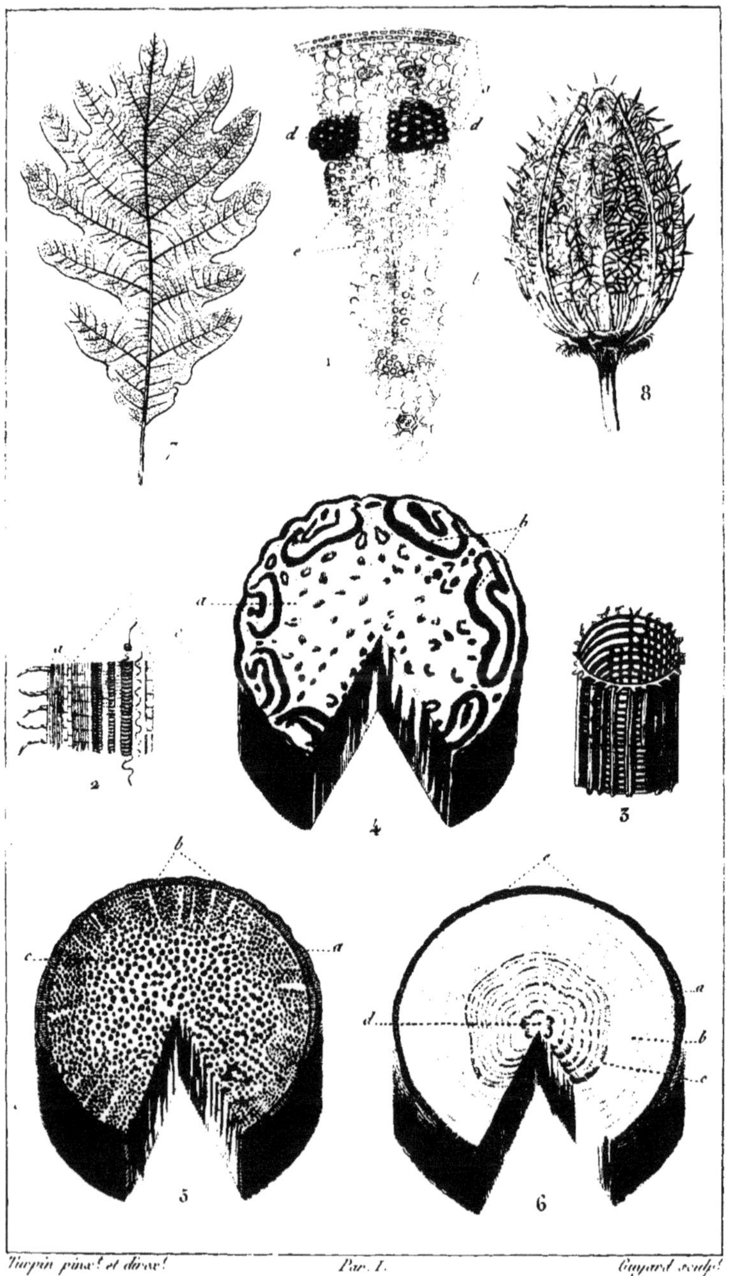

Turpin pinx.t et direx.t *Par. I.* *Guyard sculp.t*

TABLEAU II. (Bis.)

Exemples de végétaux, tendant à prouver que le péricarpe n'est qu'une sorte de nodus lacuneux, qui termine le système central des plantes (tige) et qu'il peut dans certains cas continuer de s'allonger.

Turpin pinx.t et direx.t *Par. 1.* *Giraud sculp.*

1. *POIRE* de crasanne. 2. *La même coupée verticalement.*

3. *SECHIUM* edule. *(Swartz.)*

TABLEAU III.

Racines.

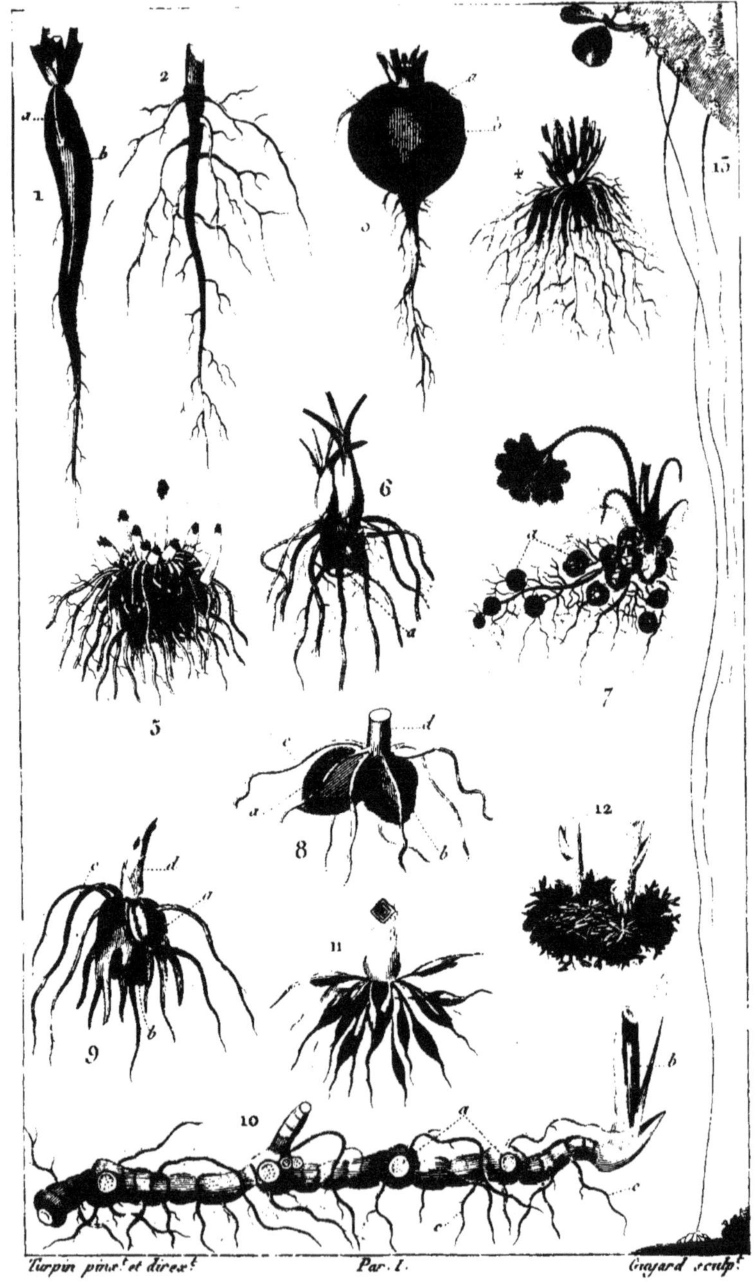

TABLEAU IV.

Tubercules. Bulbes. Hampes. Chaumes. Troncs. Stipes.

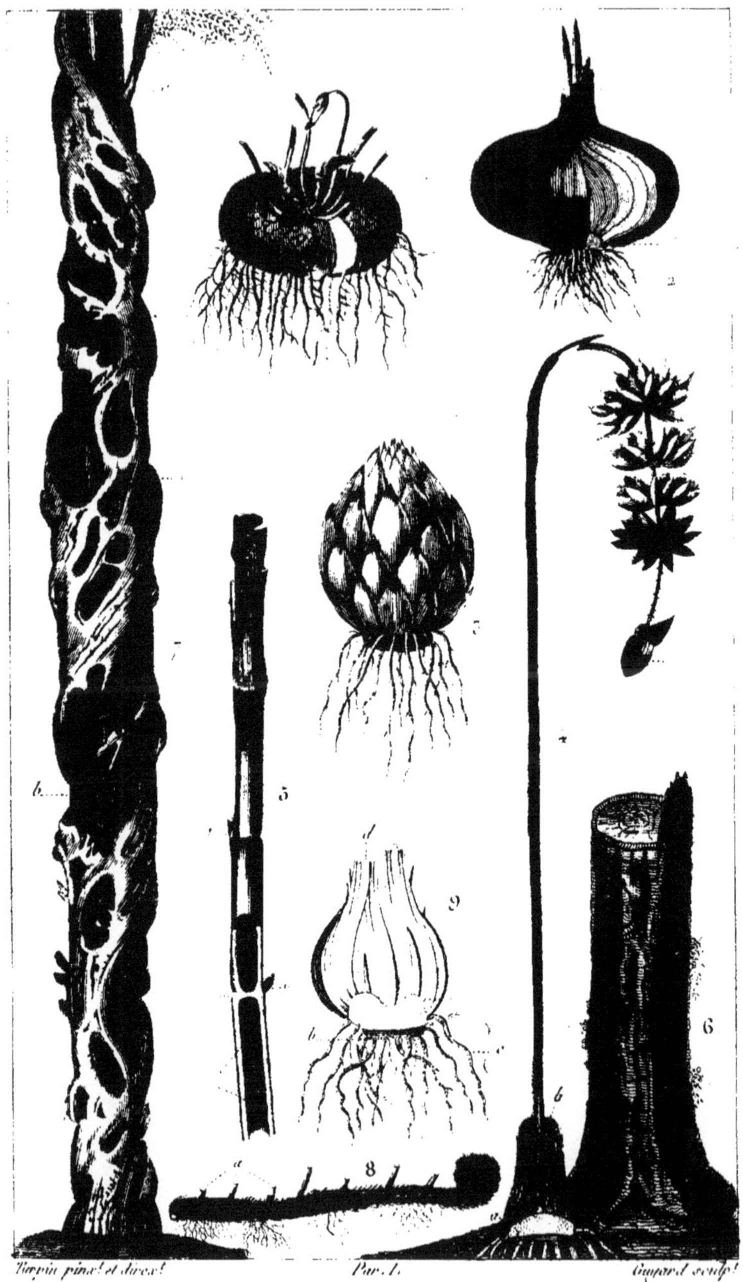

TABLEAU IV. (*Bis.*)

De la Ligne médiane horizontale *des Végétaux composés, et Végétaux simples, cellulaires, dépourvus de* nœuds-vitaux *et de feuilles.*

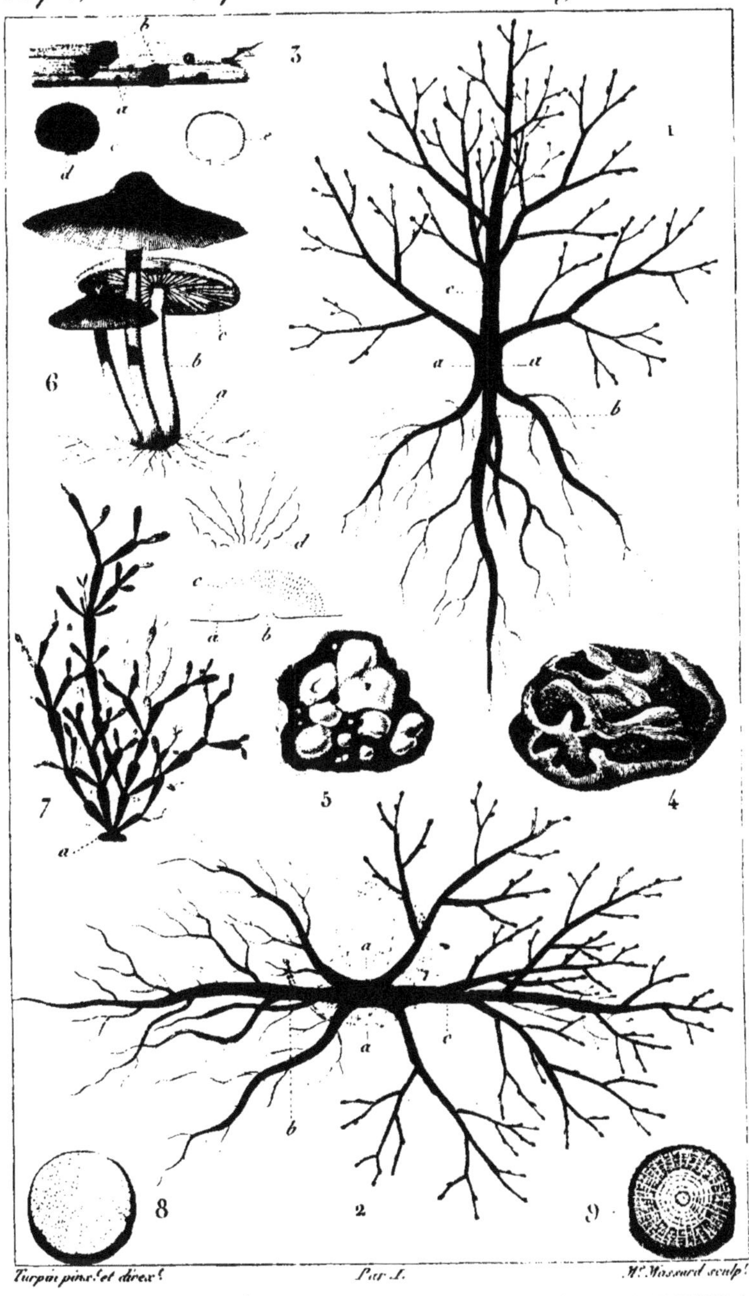

Turpin pinx.t et direx.t — Par A. — Mlle Massard sculp.t

1 *et* 2. *PYRUS* communis. 3. *SCLEROTIUM* semen. *(Pers.)* 4. *TREMELLA* mesenterica. *(Jacq.)* 5. *TORULA* fructigena. *(Pers.)* 6. *AGARICUS* cyaneus. *(Bull.)* 7. *GIGARTINA* articulata. *(Lamx.)*

(Suite du) TABLEAU IV. (Bis.)

Disposition des nœuds-vitaux ou conceptacles des embryons-fixes, sur les rameaux des végétaux, et des nouveaux individus qui en émanent.

Turpin pinx.t et direx.t — *Par. 1.* — *Mᵉ Massard sculp.*

1. *ARUNDO* donax. (*Lin.*) 2. *PRUNUS* cerasus. (*Lin.*) 3. *ACER* opulifolium.
4. *SOLANUM* tuberosum. (*Lin.*) 5. *RUDBECKIA* amplexicaulis. (*Bosc.*)
6. *BUXUS* suffruticosa. 7. *MESPILUS* oxyacantha. (*Lin.*)
8. *JUSSIEUA* villosa. (*Lam.*), suffruticosa. (*Lin.*)

TABLEAU V.

Pores . Poils . Glandes . Suçoirs . Aiguillons . Epines . Vrilles . Bourgeons . Exostoses .

TABLEAU VI.

Disposition des feuilles. Phyllodes. Stipules.

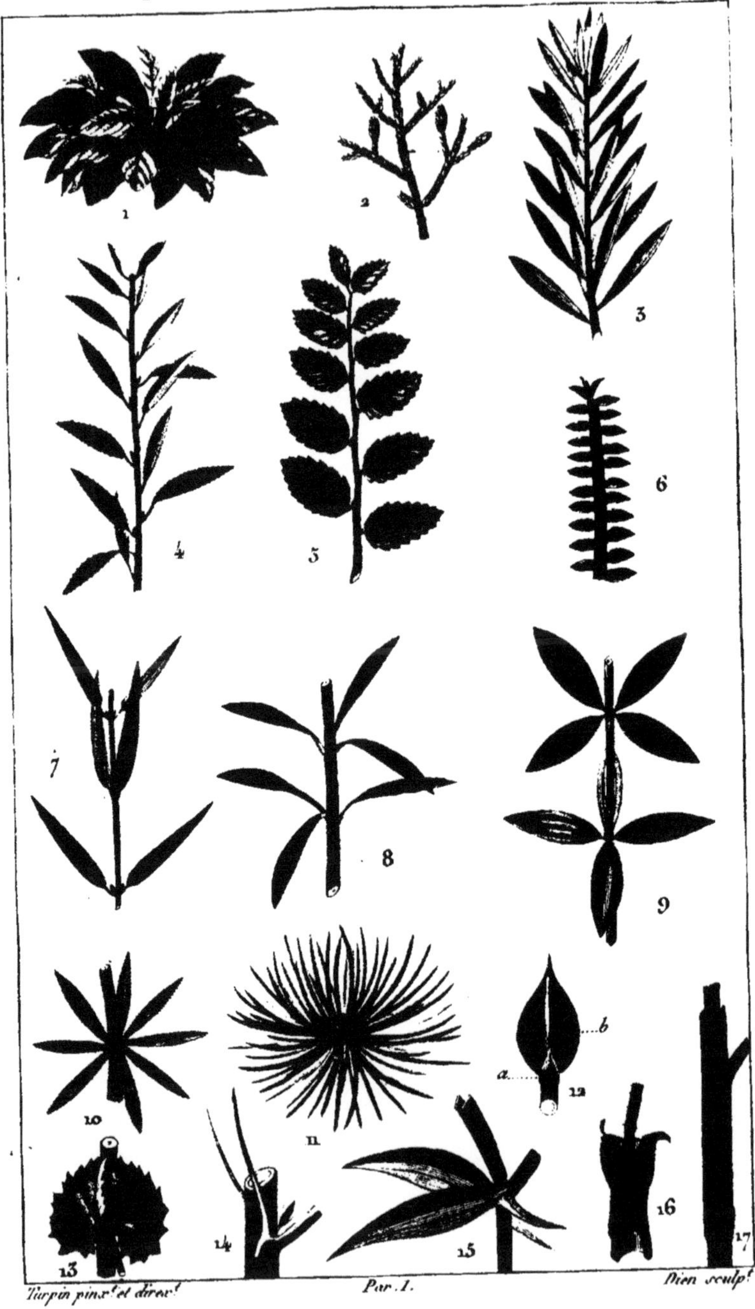

Turpin pinx.t et direx.t Par. I. Dien sculp.t

TABLEAU VII.
feuilles.

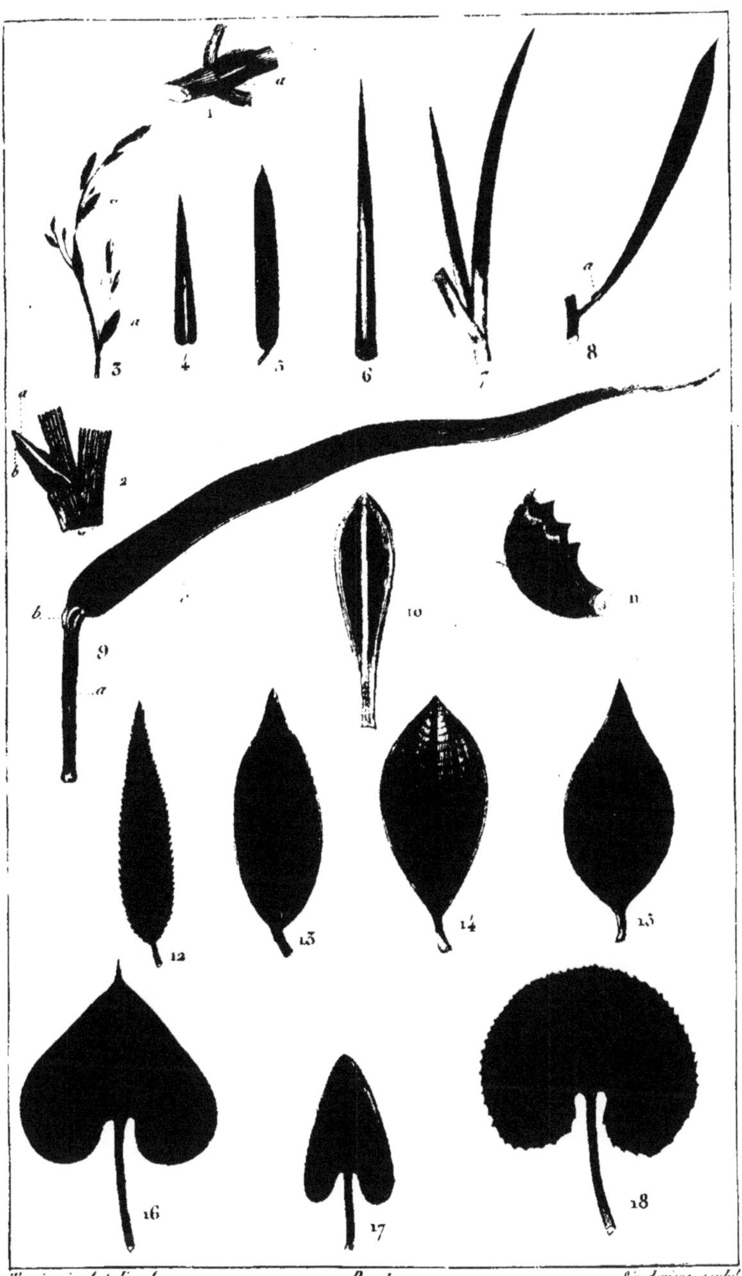

TABLEAU VIII.

feuilles.

Turpin pinx.t et direx.t — *Par. I.* — *Six-deniers sculp.t*

TABLEAU IX.

feuilles.

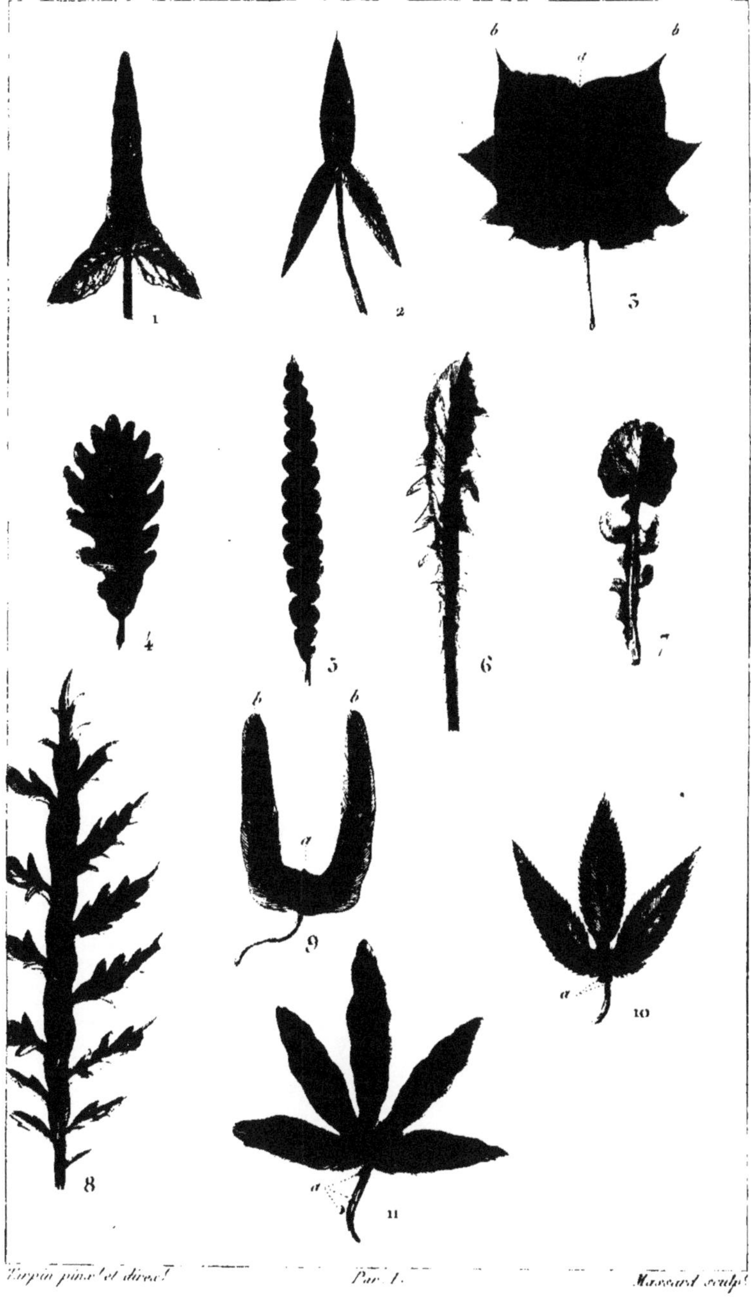

Turpin pinx.t et direx.t *Par. 1.* *Massard sculp.t*

TABLEAU X.

feuilles.

TABLEAU XI.

Feuilles.

Turpin pinx.t et direx.t *Par. I.* *Dien sculp.*

TABLEAU XII.

Feuilles.

Turpin pinx.t et direx.t *Par. I.* *M. Massard sculp.*

TABLEAU XIII.

Enveloppes accessoires des fleurs.

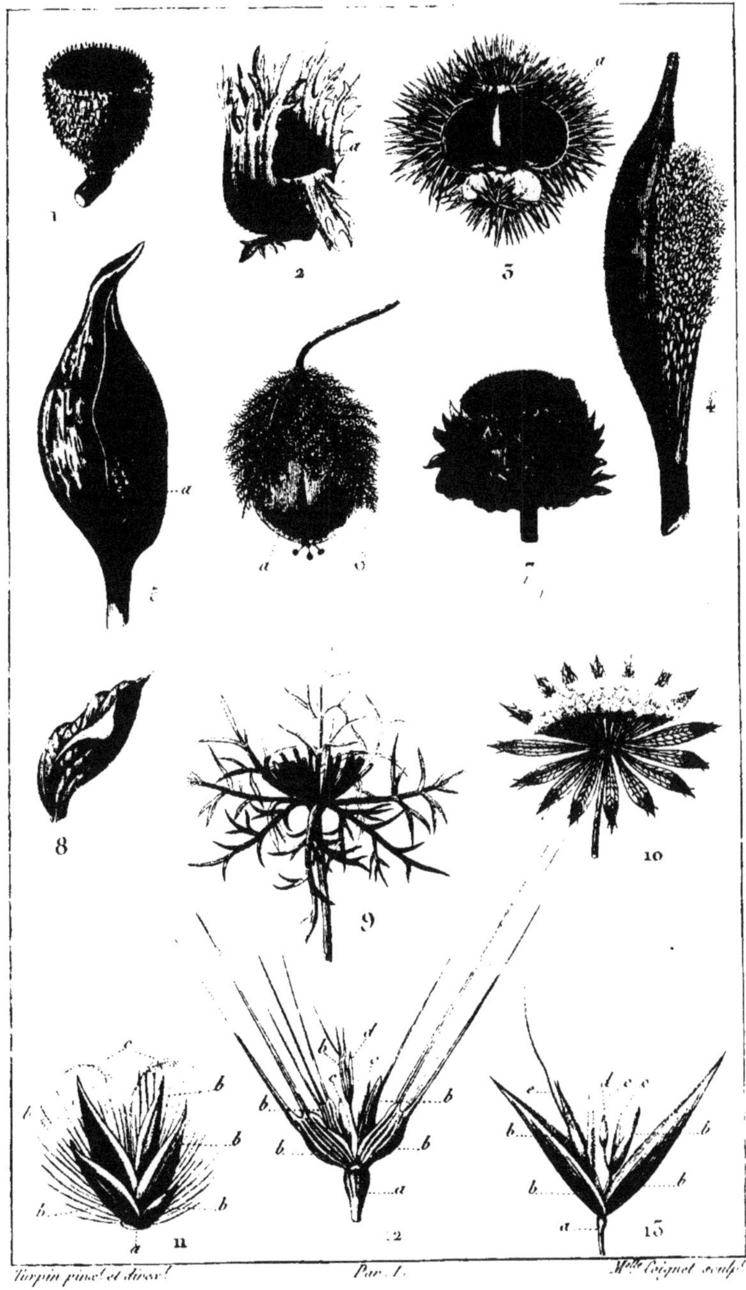

Turpin pinx.t et direx.t *Par. I.* *M.lle Coignet sculp.t*

TABLEAU XIV.

Inflorescence.

Turpin pinx.t et direx.t — *Part. I.* — *Massard sculp.t*

TABLEAU XV.
Inflorescence.

Turpin pinx.t et direx.t *Par. I.* *Victor sculp.t*

TABLEAU XVI.

Inflorescence.

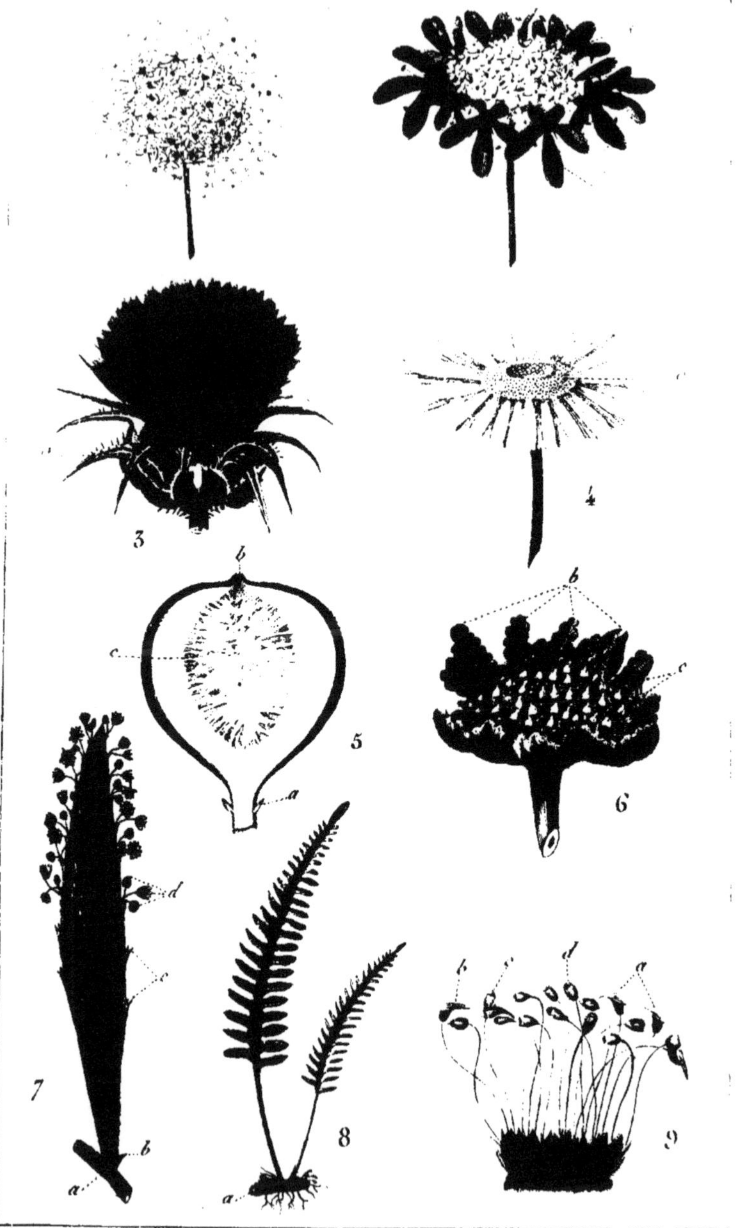

Turpin pinx.t et direx.t   *Par. I.*   *Guyard sculp.t*

TABLEAU XIII.

Fleurs unisexuelles et neutres

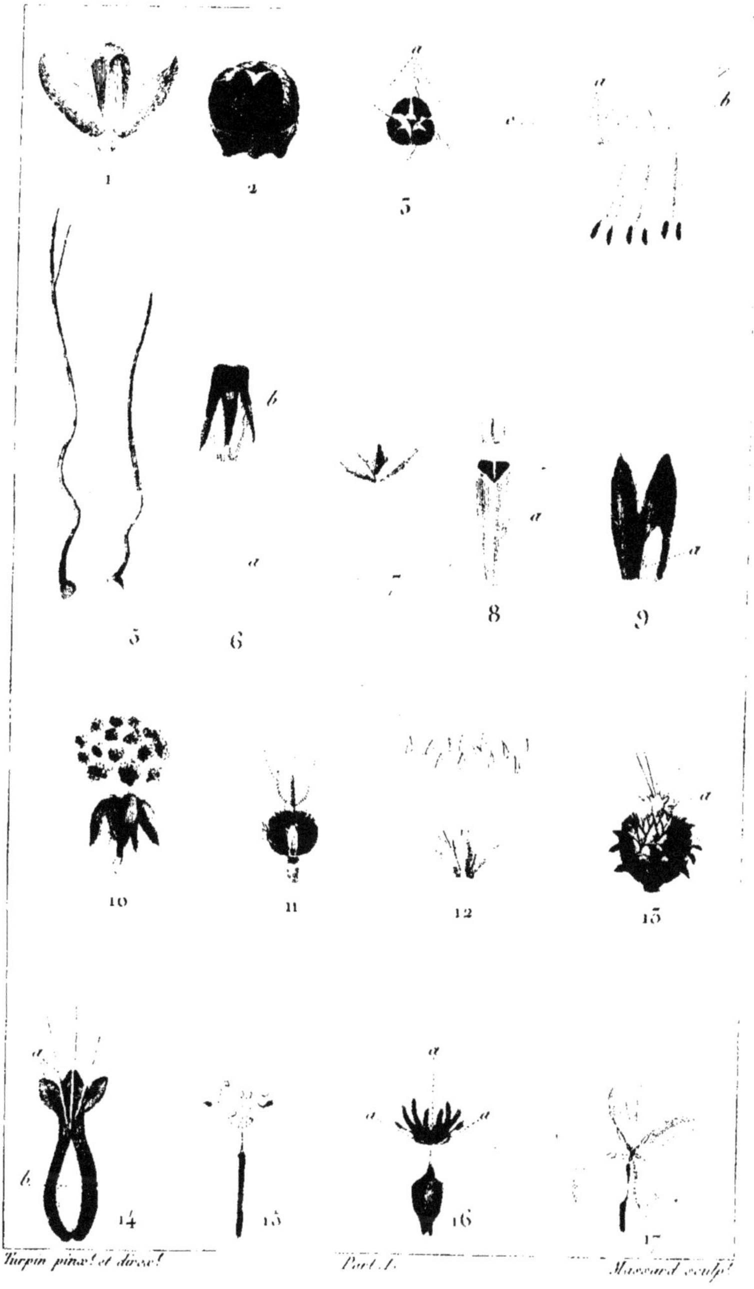

Turpin pinx.t et direx.t · *Part. I.* · *Massard sculp.t*

TABLEAU [illegible]

Fleurs hermaphrodites, monocotylédones

... pinxit direx. *Par. 1.* *Dien sculp.*

TABLEAU XIX.

Fleurs hermaphrodites, dicotylédones.

TABLEAU XX.

Fleurs hermaphrodites, dicotylédones.

Turpin pinx.t et direx.t — Par. I. — Phelipeau sculp.t

TABLEAU XXI.

Calices et corolles.

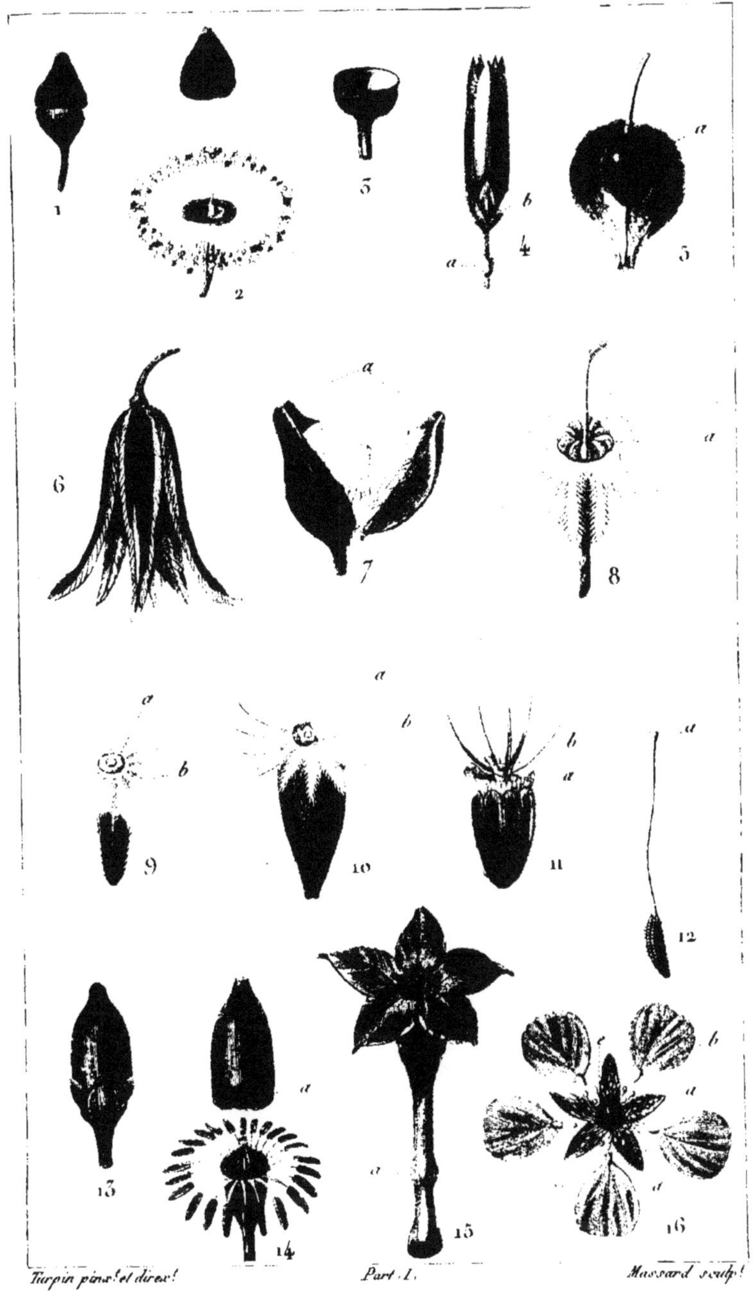

Turpin pinx.t et direx.t *Part. I.* *Massard sculp.t*

TABLEAU XXIII.

Pistils. Etamines.

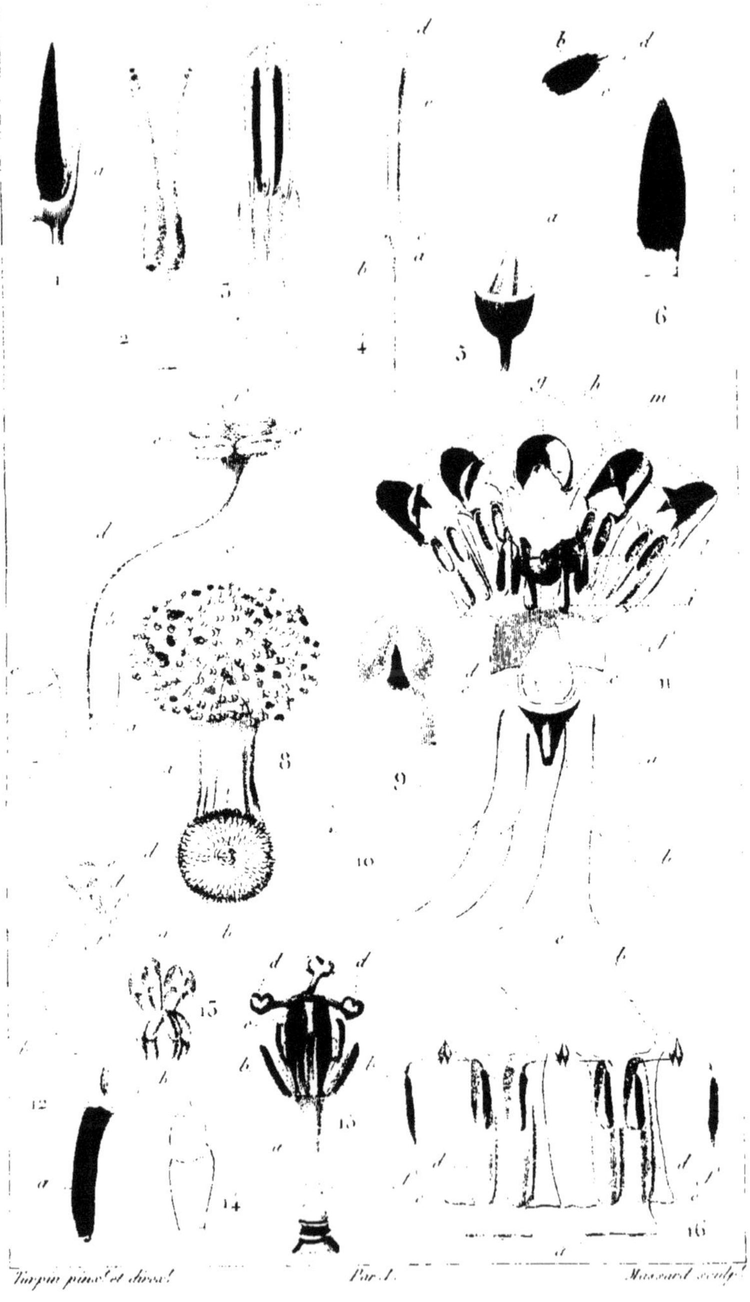

TABLEAU XXIV.

Pistils. Etamines. Phycostèmes.

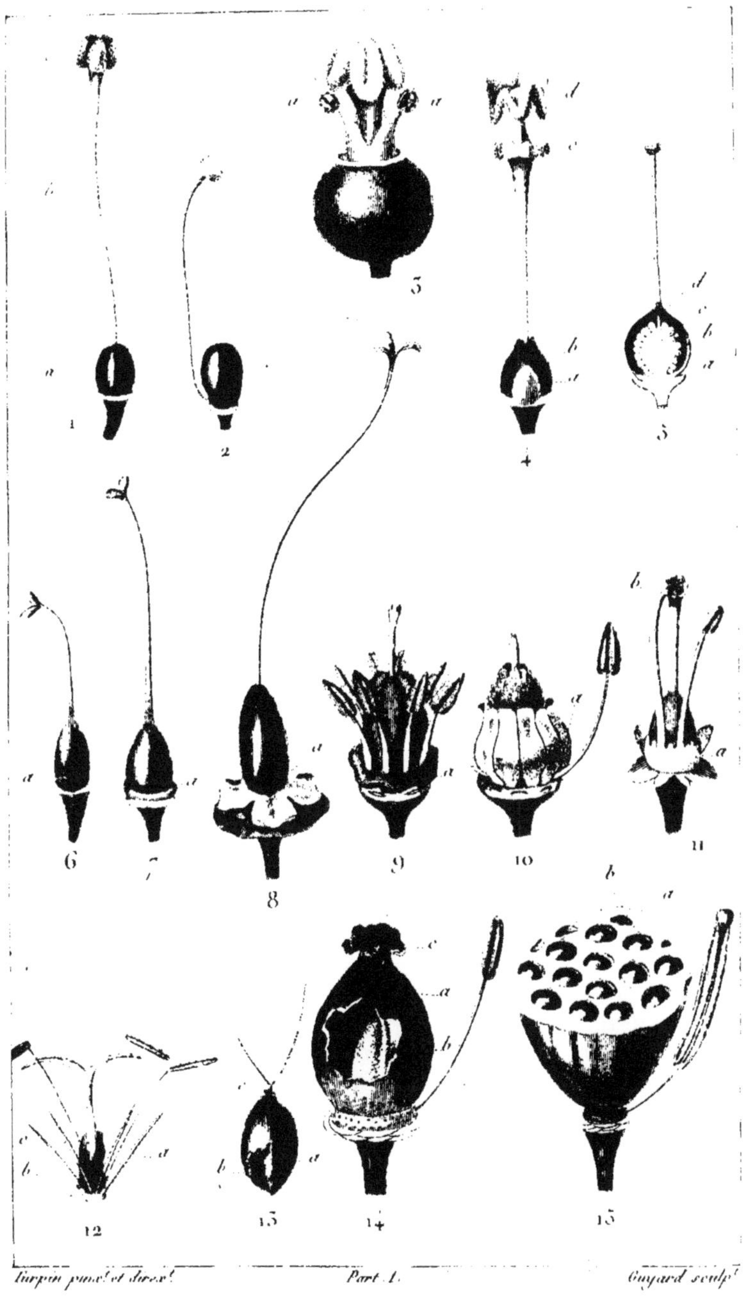

TABLEAU XXV.

Fruits.

Turpin pinx.t et direx.t — *Part. I.* — *Rebel sculp.t*

TABLEAU XXVI.
Fruits.

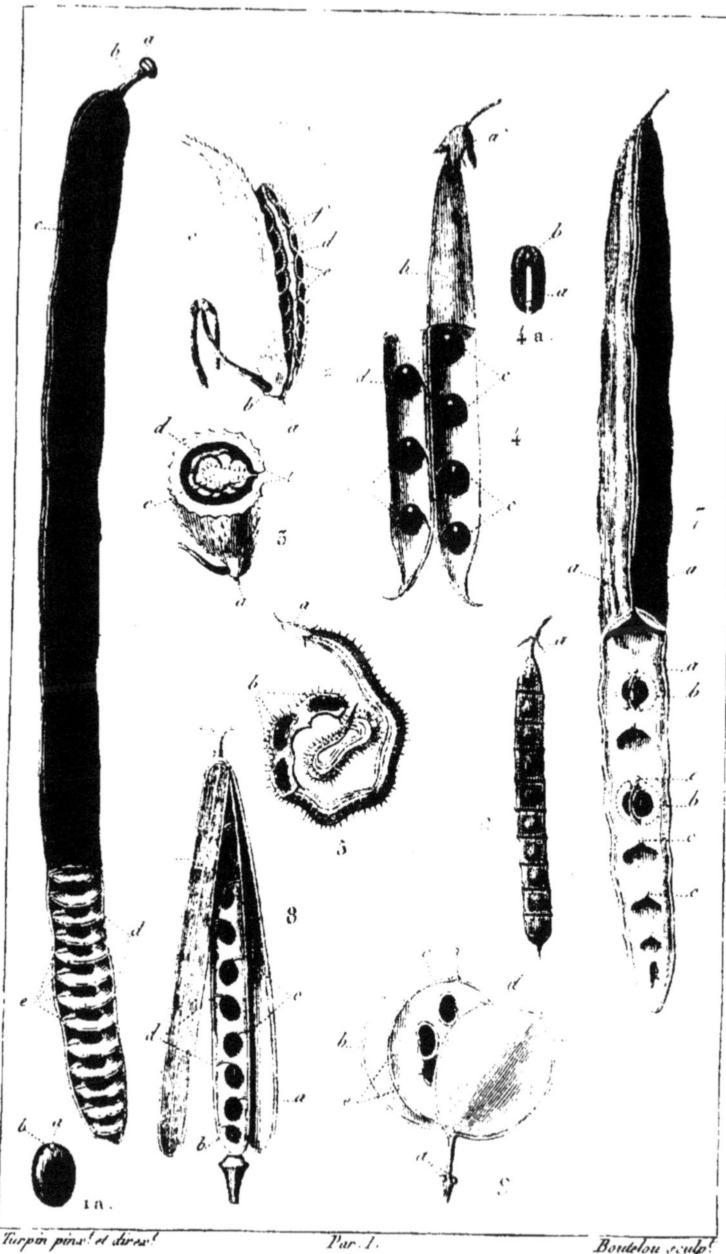

Turpin pinx.t et direx.t — *Par. I.* — *Boutelou sculp.t*

TABLEAU XXVII.
Fruits.

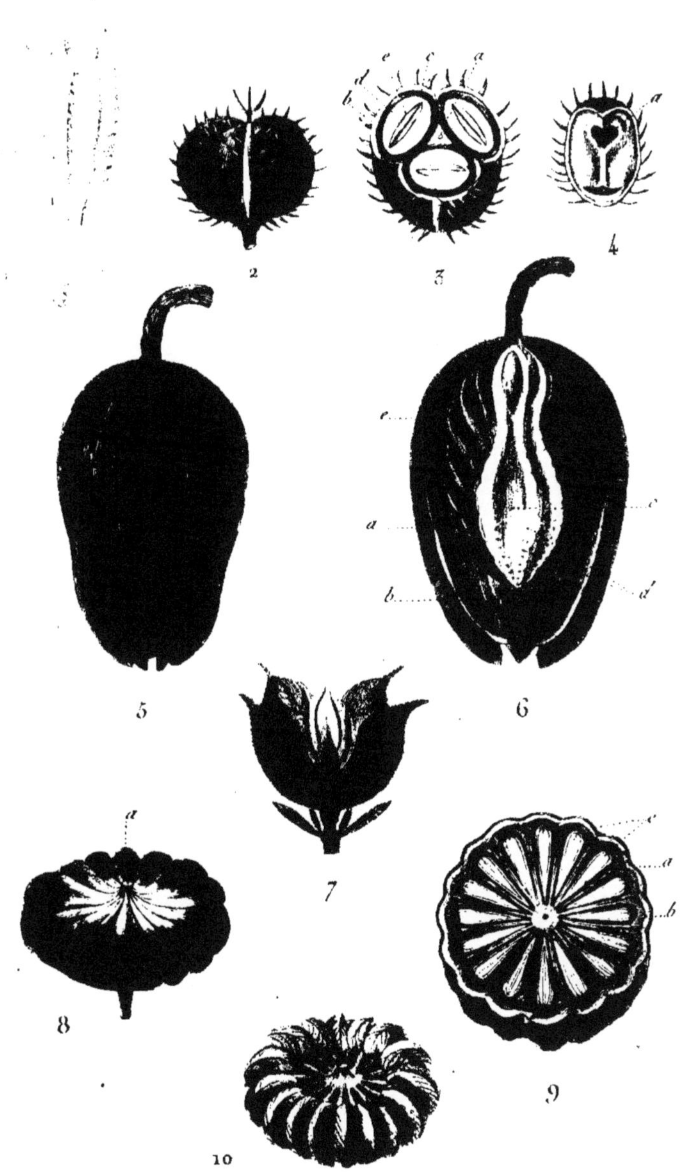

Turpin pinx.t et direx.t *Par. I.* *M.e Massard sculp.*

TABLEAU XXVIII.

Fruits.

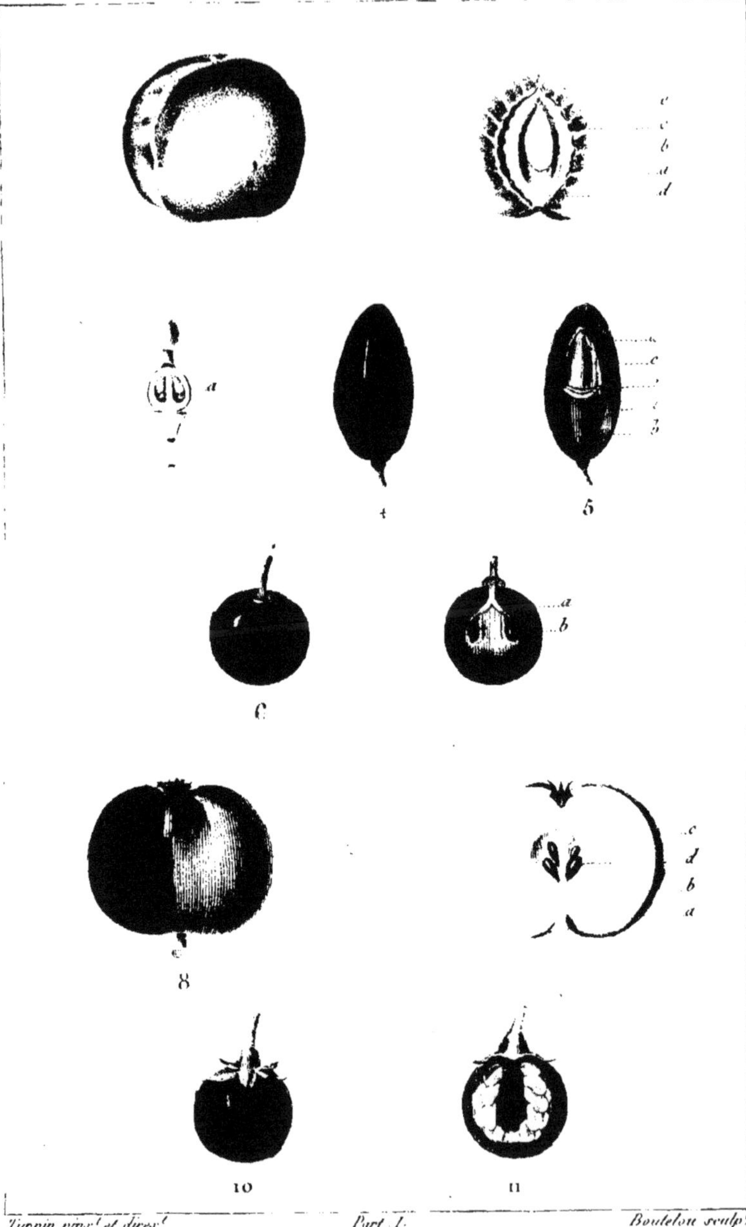

Turpin pinx.t et direx.t — *Part. I.* — *Boutelou sculp.t*

TABLEAU XXIX.

Fruits.

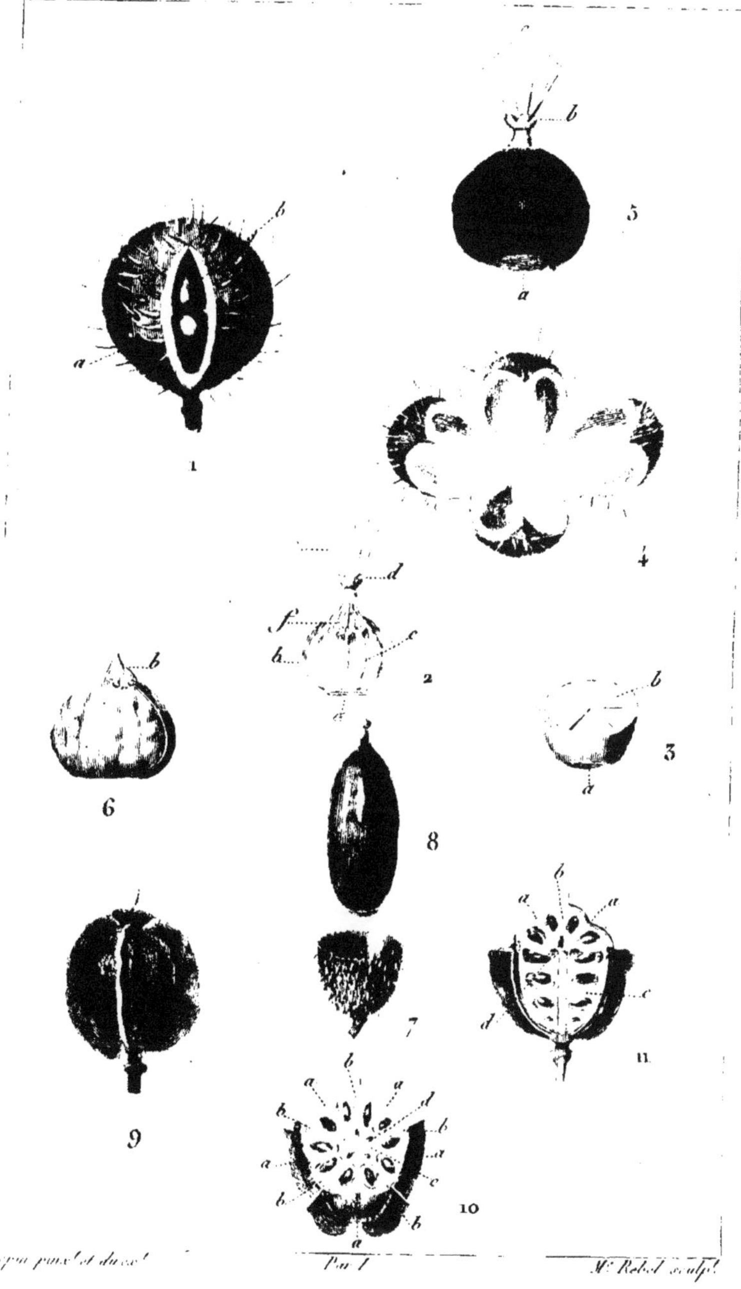

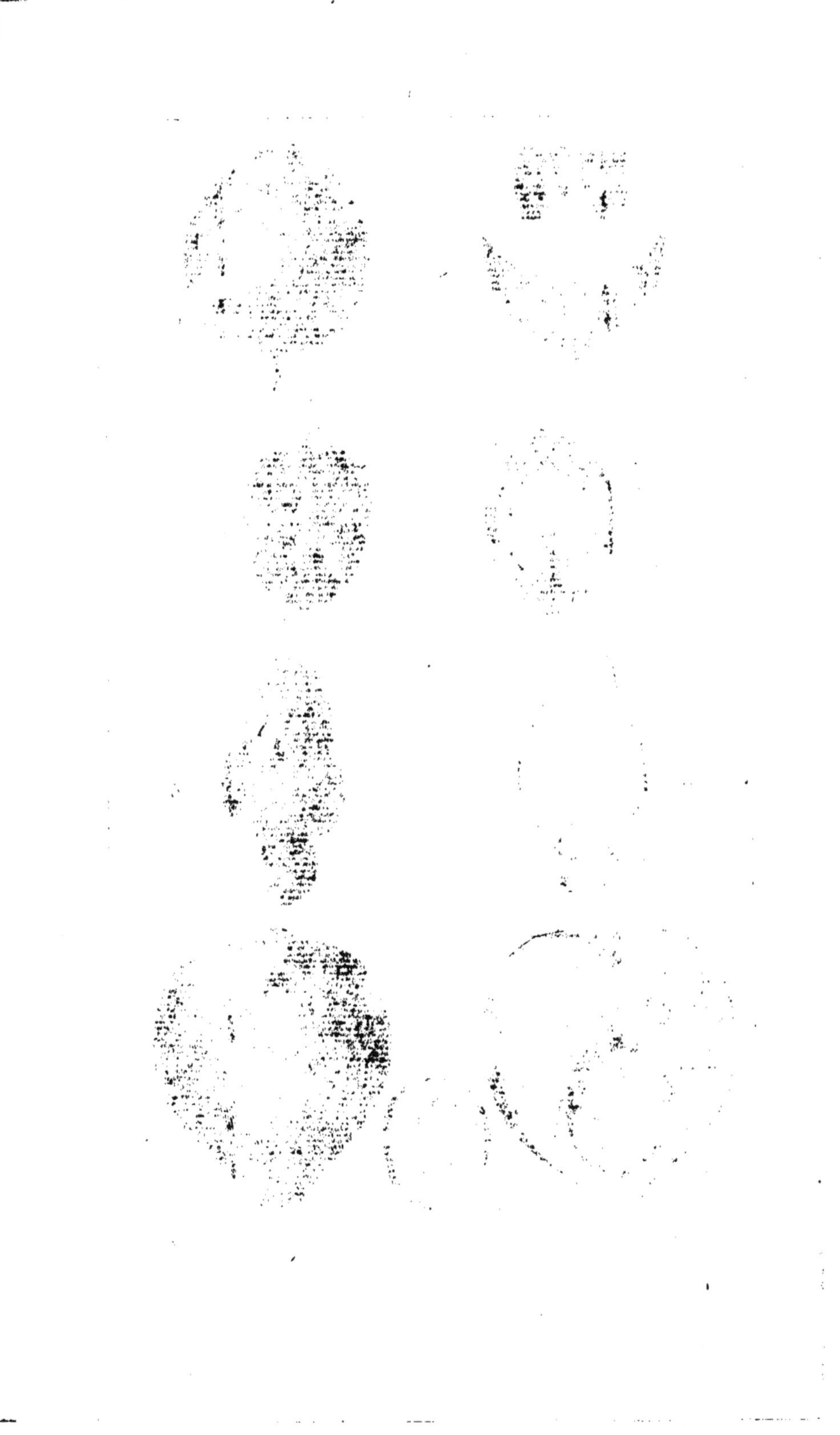

TABLEAU XXX.

Fruits.

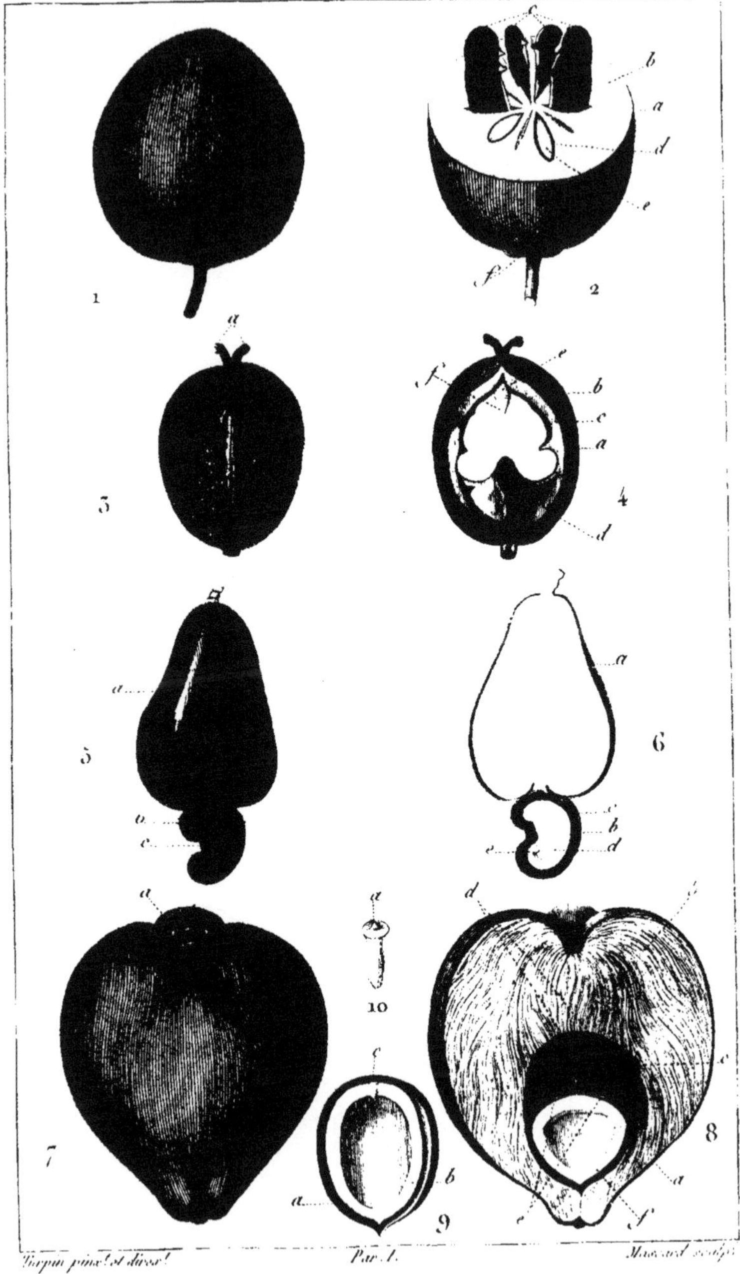

Turpin pinx.t et direx.t — Par. I. — Maccart sculp.

TABLEAU XXXI.

Fruits.

Turpin pinx.t et direx.t — *Par. I.* — *M.me Massard sculp.t*

TABLEAU [illegible]
Fruits.

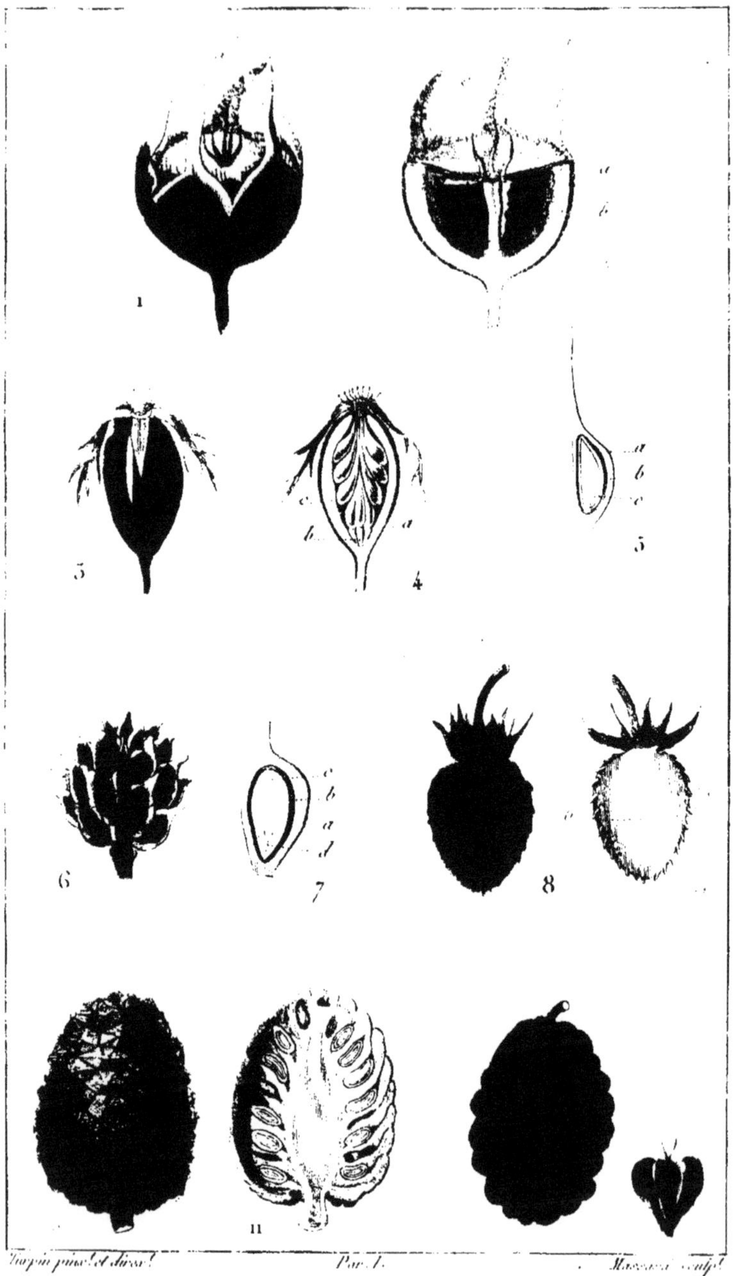

Turpin pinx.t et direx.t *Par. I.* *Massard sculp.t*

TABLEAU XXXIII.

Graines. Arilles. Endospermes. Embryons.

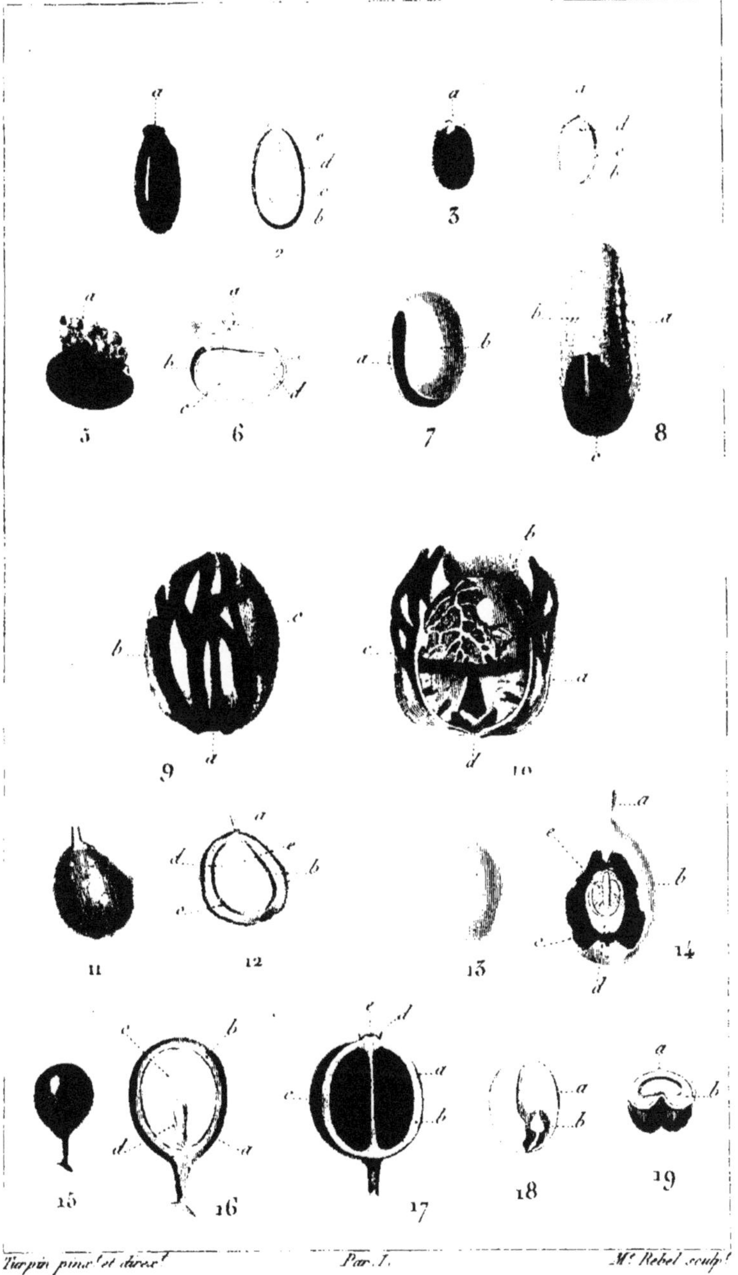

Turpin pinx.t et direx.t *Par. I.* *M.e Rebel sculp.t*

TABLEAU XXXIV.

Graines et Germinations.

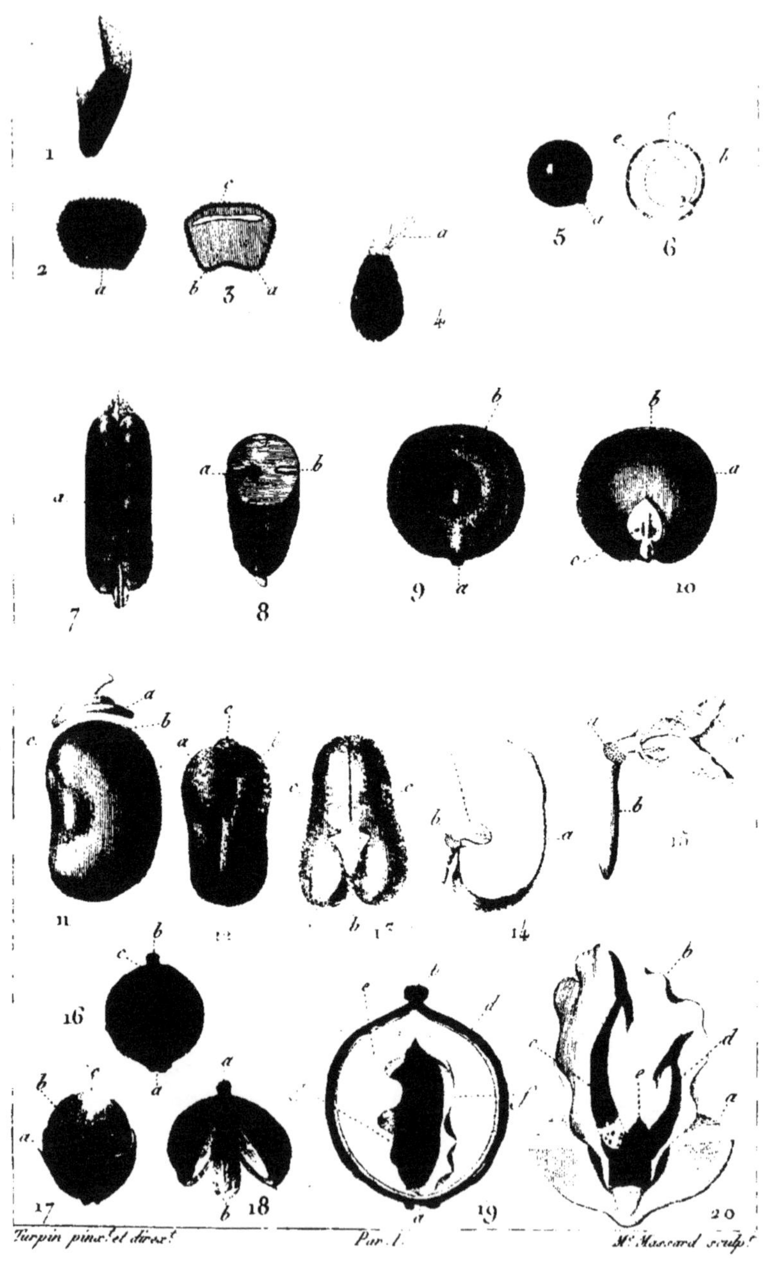

TABLEAU XXXI.

Séminules, Graines et Germinations.

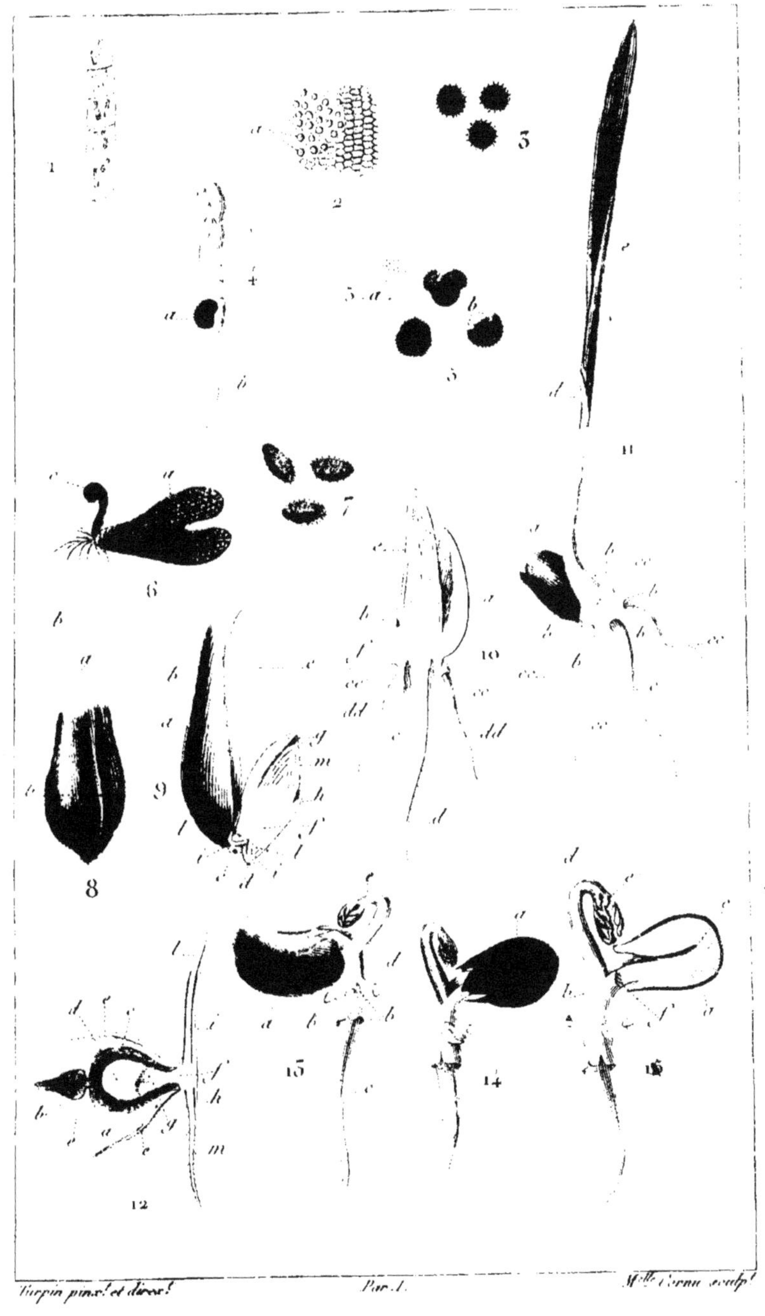

Turpin pinx.t et direx.t *Par. I.* *M.lle Cornu sculp.t*

TABLEAU XXXVI.
Graines et Germinations.

Turpin pinx.t et direx.t Par. I. M.e Massard sculp.t

TABLEAU XXXVI. *Bis.*

Embryons végétaux, isolés, considérés la plupart dans leur état de reclusion et comparés entre-eux, du plus simple au plus composé.

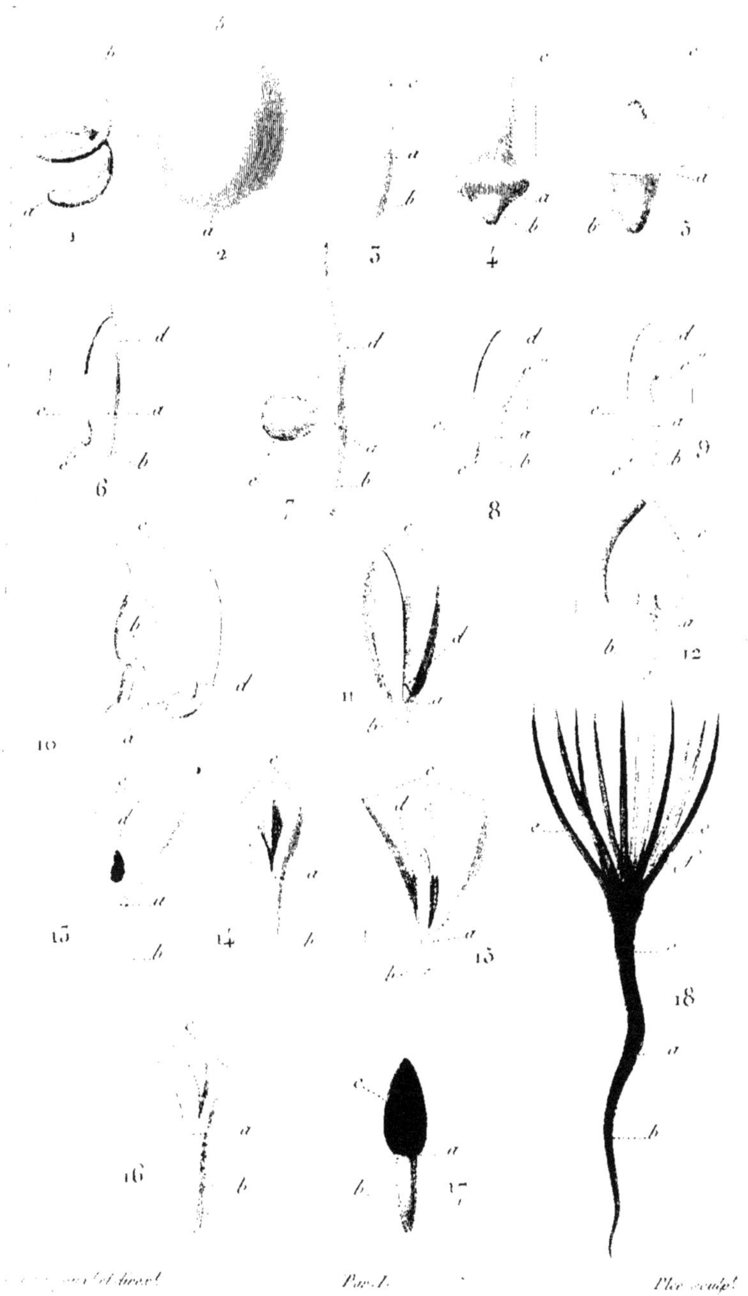

... et direx. *Par. J.* *Plée sculp.*

TABLEAU XXXVII.

Méthode de Tournefort.

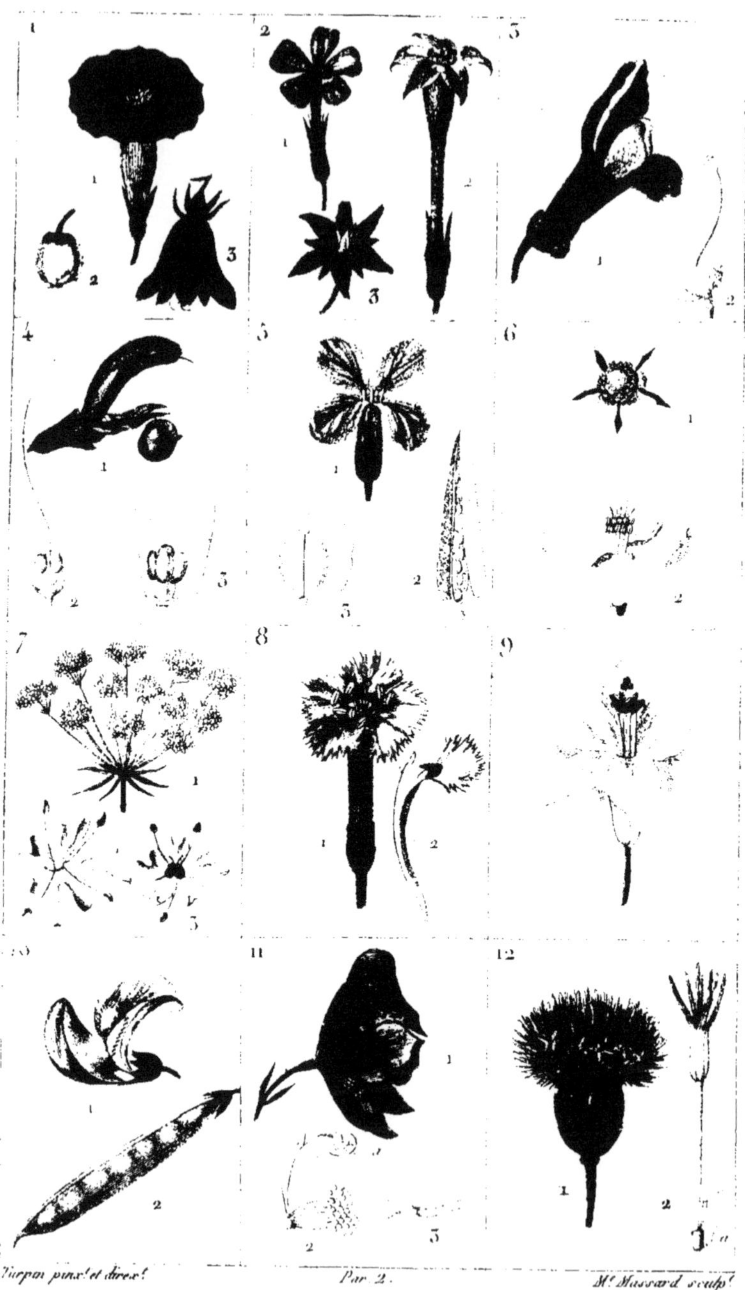

1. Campaniformes. 2. Infundibuliformes. 3. Personnées. 4. Labiées. 5. Cruciformes. 6. Rosacées. 7. Ombellifères. 8. Caryophyllées. 9. Liliacées. 10. Papillonacées. 11. Anomales. 12. Flosculeuses.

TABLEAU XXXVIII.
Méthode de Tournefort.

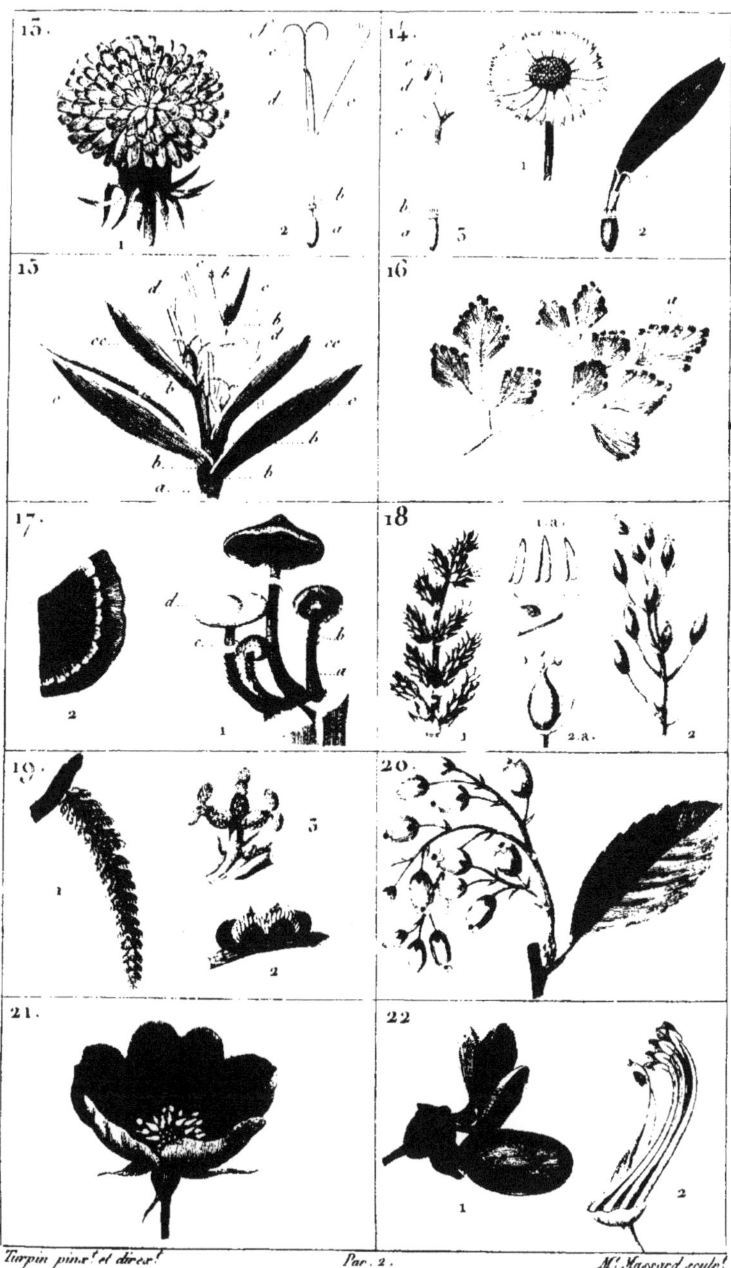

Turpin pinx.t et direx.t Pac. 2. *M.e Massard sculp.t*

13. Semi-Flosculeuses. 14. Radiées. 15. a Etamines. 16. Sans Fleurs. 17. Sans Fleurs ni Fruits. 18. Apétales prop.t dites. 19. Amentacées. 20. Monopétales. 21. Rosacées. 22. Papillonacées.

TABLEAU XXXIX.

Système Sexuel de Linnée.

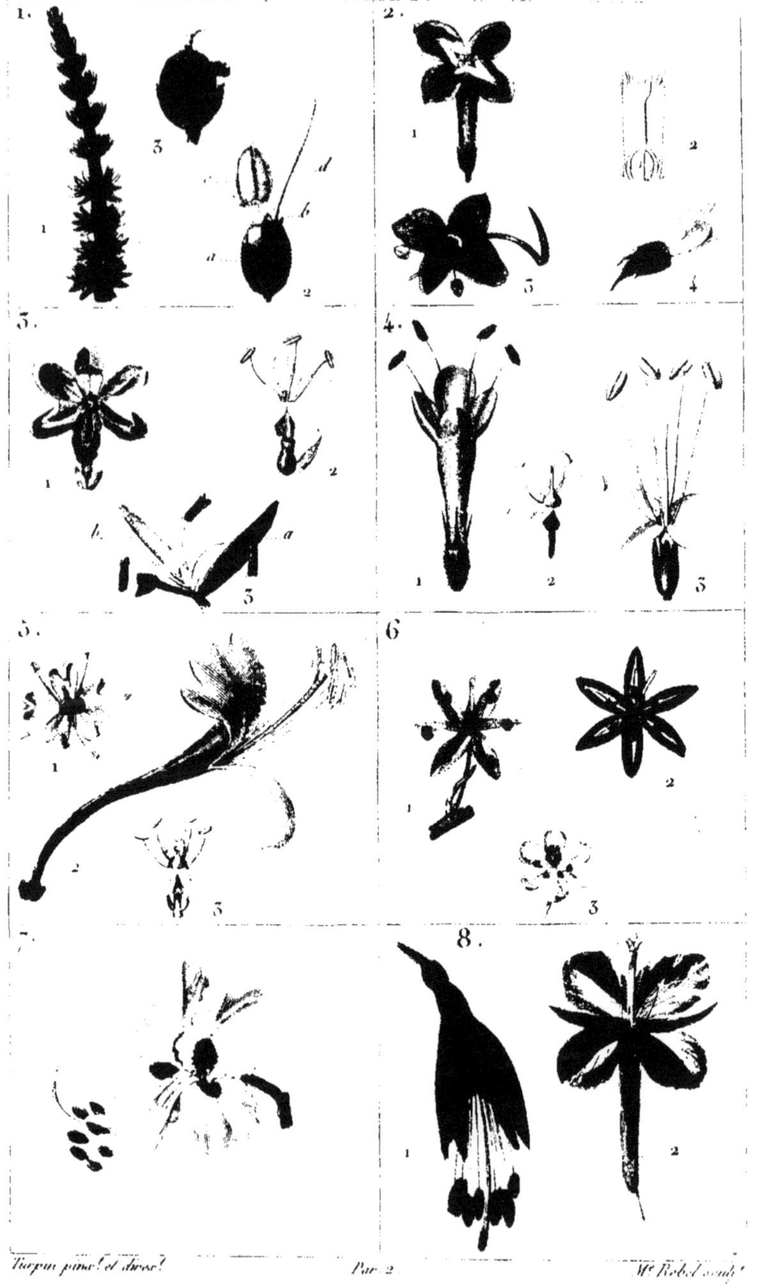

1. Monandrie. 2. Diandrie. 3. Triandrie. 4. Tétrandrie. 5. Pentandrie
6. Hexandrie. 7. Heptandrie. 8. Octandrie.

TABLEAU XI.

Système Sexuel de Linnée.

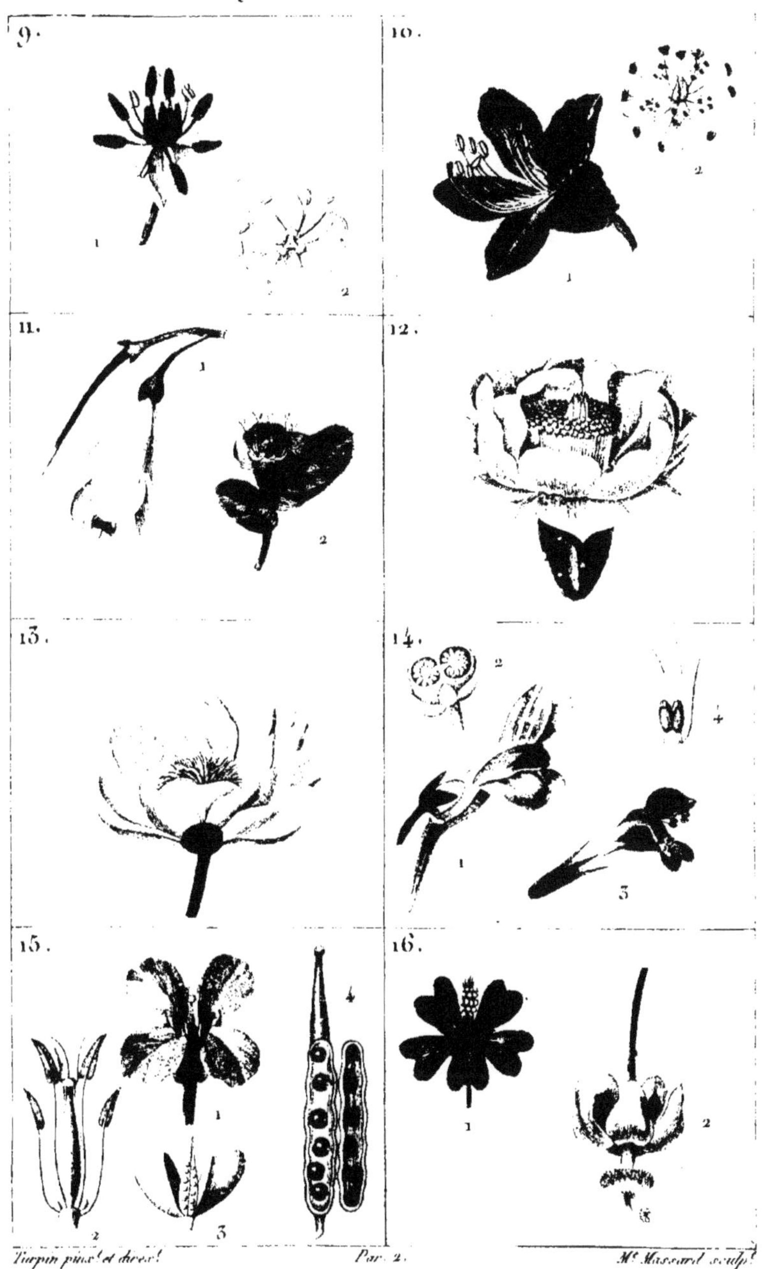

9. Ennéandrie. 10. Décandrie. 11. Dodécandrie. 12. Icosandrie. 13. Polyandrie. 14. Didynamie. 15. Tétradynamie. 16. Monadelphie.

TABLEAU XLI.

Système Sexuel de Linnée.

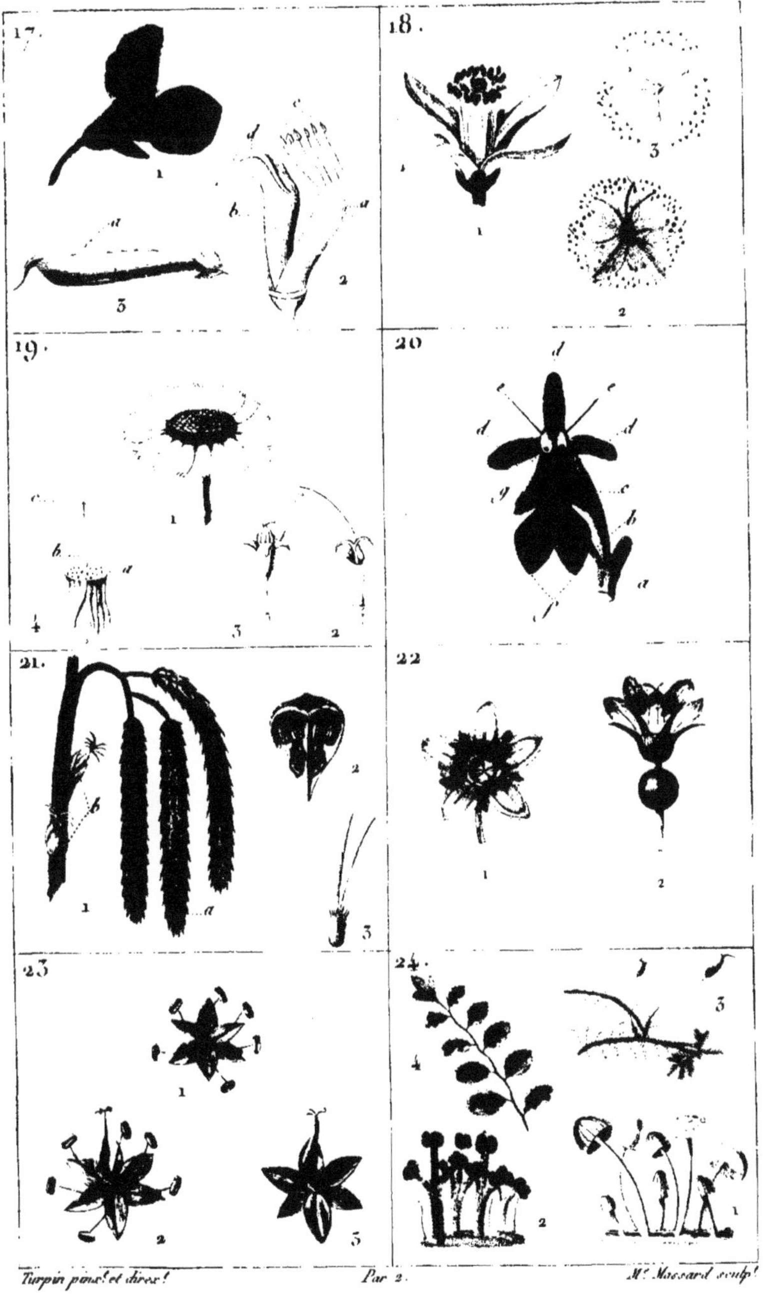

Turpin pinx.t et direx.t *Par 2.* *M.e Massard sculp.t*

17. Diadelphie. 18. Polyadelphie. 19. Syngénésie. 20. Gynandrie. 21. Monœcie. 22. Diœcie. 23. Polygamie. 24. Cryptogamie.

TABLEAU XLII.

Méthode naturelle de M.r De Jussieu.

ACOTYLÉDONES. 1ere Classe. *Acotylédones.*

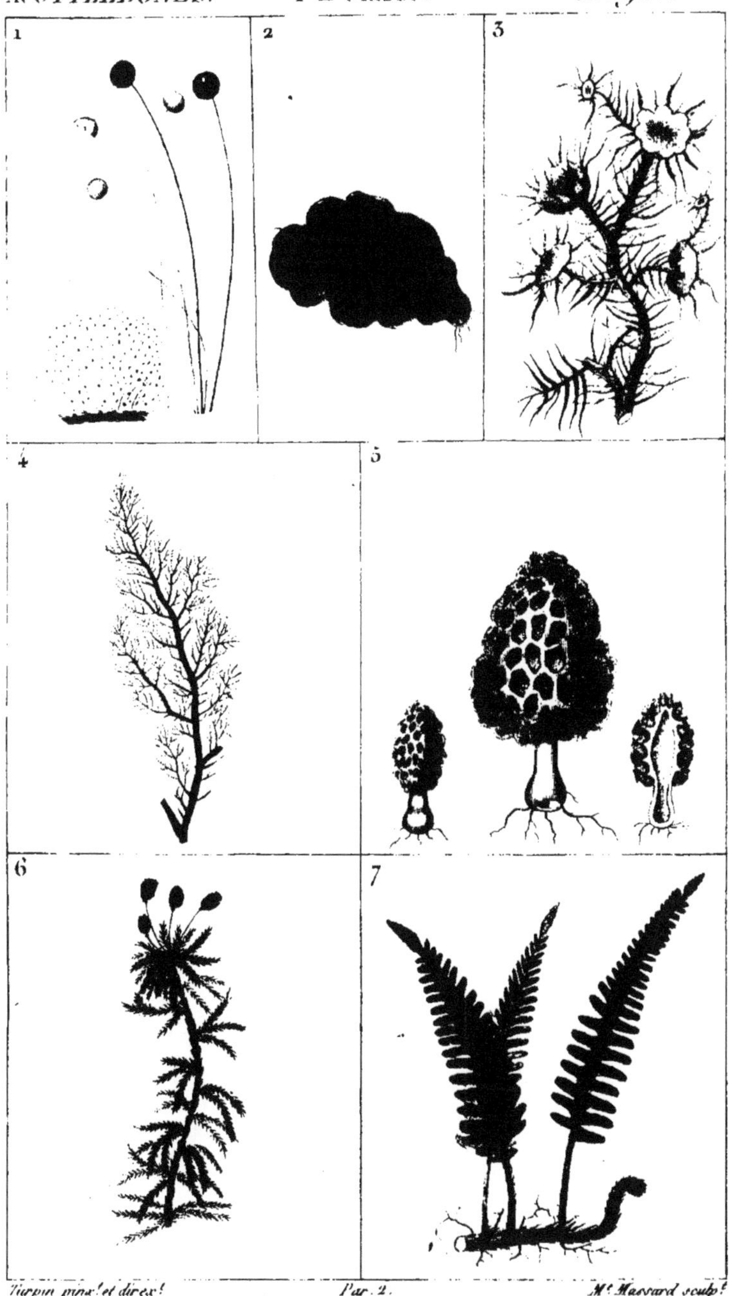

Turpin pinx.t et direx.t *Par. 2.* *M.e Massard sculp.t*

1. *MUCOR* mucedo. 2. *NOSTOCH* vesicarium. 3. *USNEA* florida. 4. *PLOCAMIUM* vulgare. *(Lam.x)* 5. *PHALLUS* esculentus. *(Lin.)* Morchella *esculenta. (Pers.)* 6. *SPHAGNUM* capillifolium. *(Hedw.)* 7. *POLYPODIUM* vulgare.

TABLEAU XLIII.

Méthode naturelle de Mr. De Jussieu.

MONOCOTYLÉDONES. 2eme Classe. *Monohypogynes.*

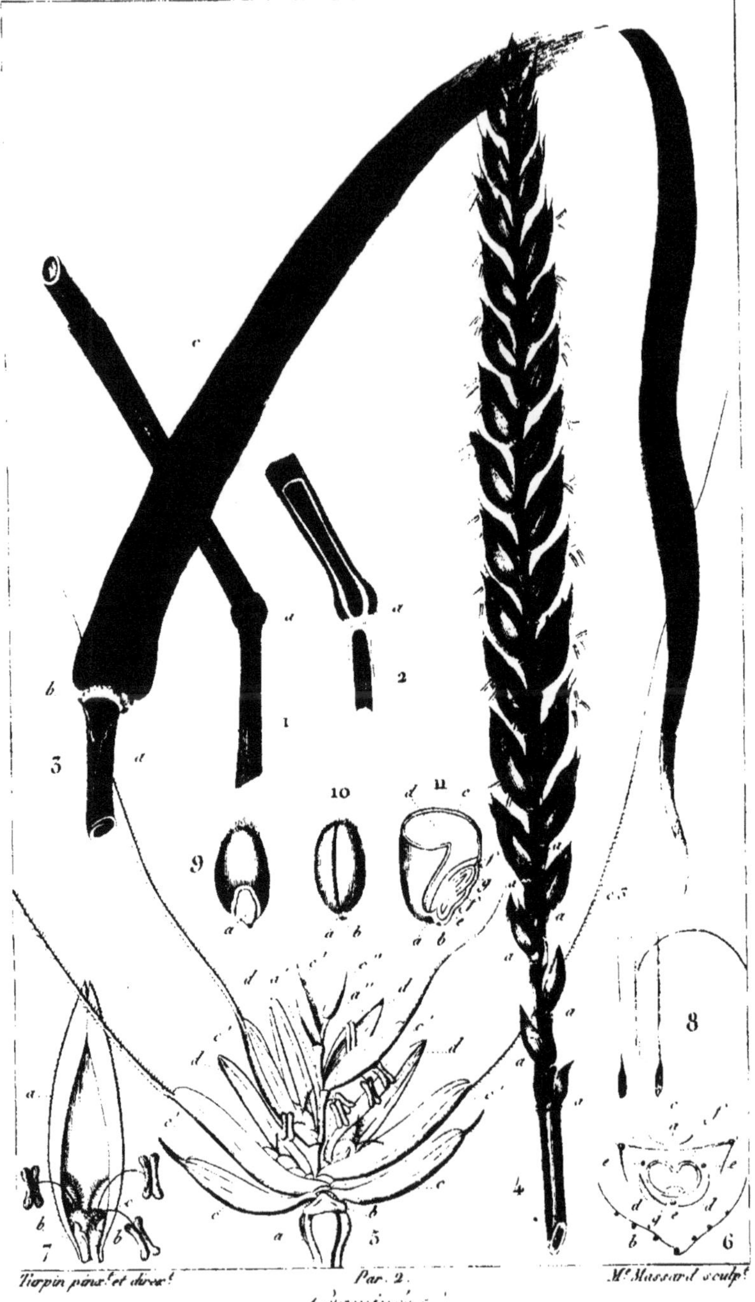

Turpin pinx.t et direx.t Par. 2. *Mr Massard sculp.t*

Graminées.

FROMENT cultivé. *(Froment sans barbe.)*

TRITICUM sativum. *(Lin.)*

Grand. nat.

TABLEAU XLIII. (Bis.)

Méthode naturelle de M.r De Jussieu.

MONOCOTYLÉDONES. 2.eme Classe. *Monohypogynes.*

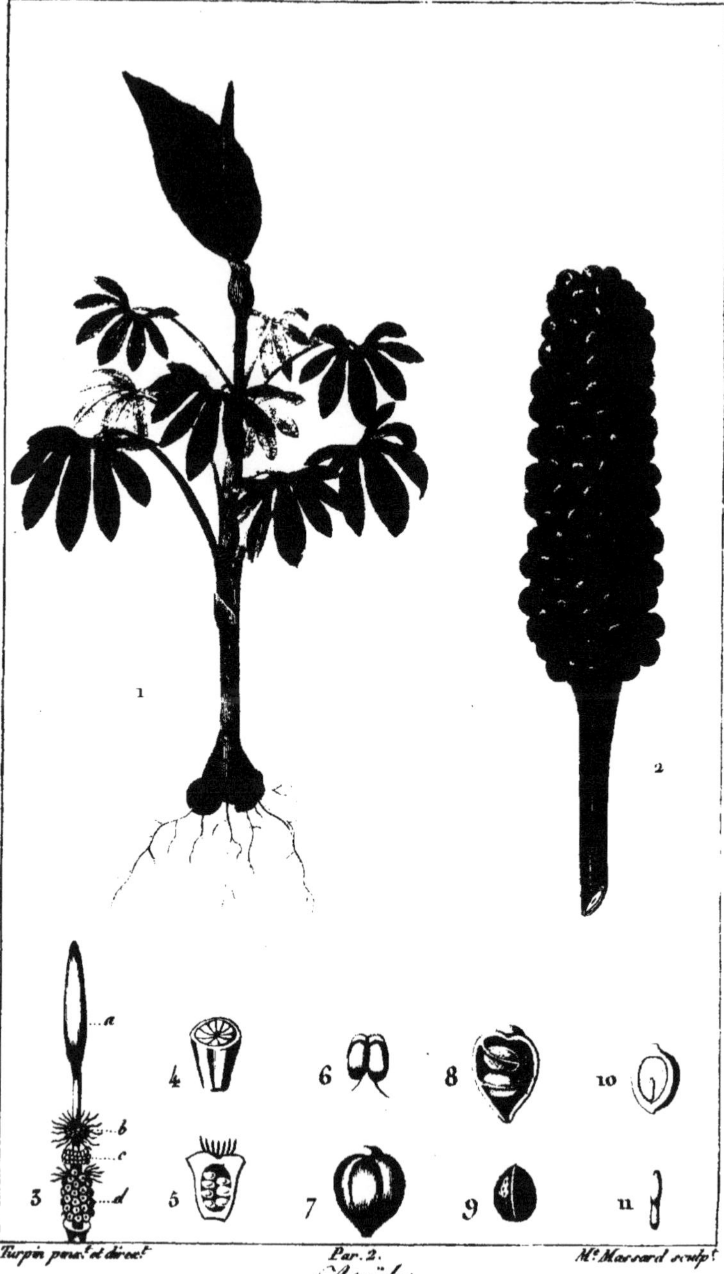

Turpin pinx.t et direx.t Par. 2. *M.e Massard sculp.t*

Aroïdes.

GOUET serpentaire.

ARUM dracunculus. (*Lin.*)

(*10.eme Grand. nat.*)

TABLEAU XLIV.

Méthode naturelle de Mr. de Jussieu.

MONOCOTYLÉDONES. 3ème Classe. *Monopérigynes.*

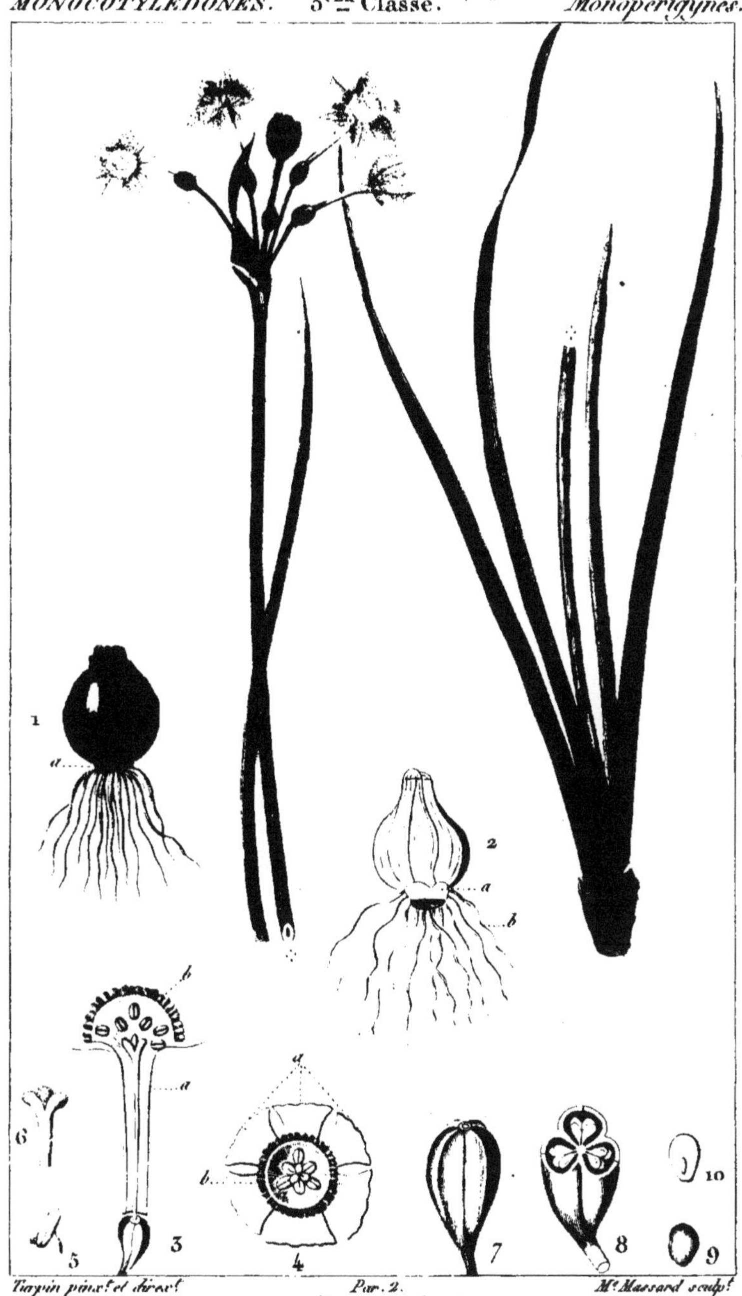

Turpin pinx.t et direx.t *Par. 2.* *Mr. Massard sculp.t*

Narcissées.

NARCISSE jonquille.

NARCISSUS jonquilla. *(Lin.)*

(1/4 Grand. nat.)

TABLEAU XLIV. Bis.

Méthode naturelle de M. A. L. Jussieu.

MONOCOTYLÉDONES. 3ème Classe. *Monopérigynes.*

A B

Turpin pinx.t et direx.t Par. 2. *M.e Massard sculp.t*

Iridées.

GLAYEUL commun.

GLADIOLUS communis. (*Lin.*)

(*1/2 Grand. nat.*)

TABLEAU XLV.

Méthode naturelle de M.r De Jussieu.

MONOCOTYLÉDONES. 4.eme Classe. *Monoépigynes.*

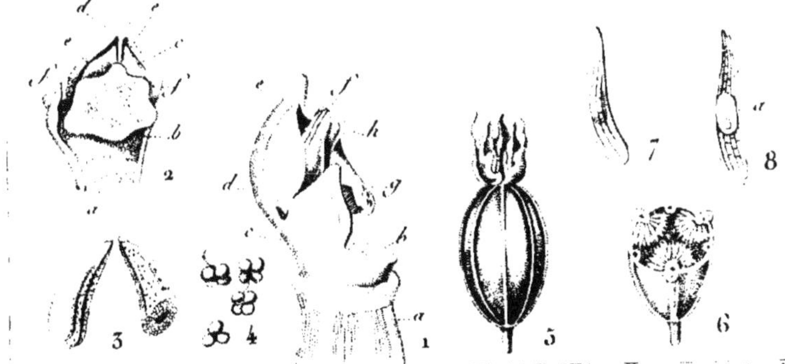

Turpin pinx.t et direx.t *Par. 2.* *Legrand sculp.t*

Orchidées.

OPHRISE aranifère.

OPHRYS aranifera. *(Huds.) Vaill. Bot. tab. 31. fig. 15 et 16.*

(1/2 Grand. nat.)

TABLEAU XLVI.

Méthode naturelle de M. de Jussieu.

DICOTYLÉDONES. 5ème Classe. *Epistaminées.*

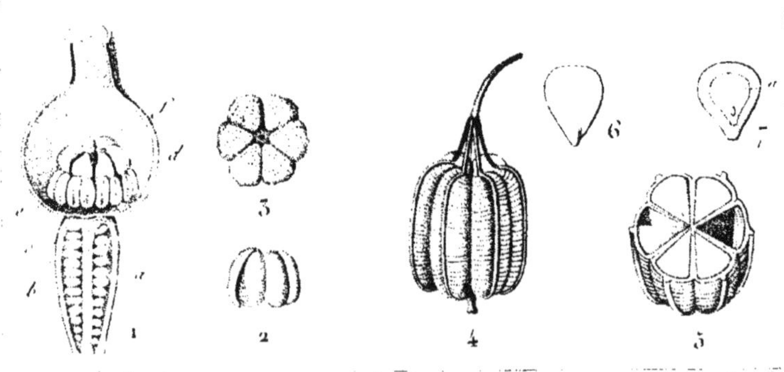

Turpin pinx.t et direx.t *Pag. 2.* *Legrand sculp.t*

Aristolochiées.

ARISTOLOCHE clématite.

ARISTOLOCHIA clematitis. *Lin.*

1/2 grand. nat.

TABLEAU XLVII.

Méthode naturelle de Mr. De Jussieu.

DICOTYLÉDONES. 6eme Classe. *Péristaminées.*

1 2 3 4 5 6 7

Turpin pinx.t et direx.t *Par. 2.* *Melle Louvier sculp.t*

Daphnoïdes.

LAURÉOLE odorante.

DAPHNE cneorum. *(Lin.)*

(Grand. nat.)

TABLEAU XLVIII.

Méthode naturelle de M.r De Jussieu.

DICOTYLÉDONES. 7.eme Classe. *Hypostaminées.*

1 a 2 3 b a 7 4 c b a 5 8 6

Turpin pinx.t et direx.t *Par. 2.* *M.e Massard sculp.t*

Amaranthées.

AMARANTE sanguine.

AMARANTHUS sanguineus. (*Lin.*)

(*½ Grand. nat.*)

TABLEAU XLVII. (Bis.)

Méthode naturelle de M.r De Jussieu.

DICOTYLÉDONES. 7.ème Classe. (Hypostaminées.)

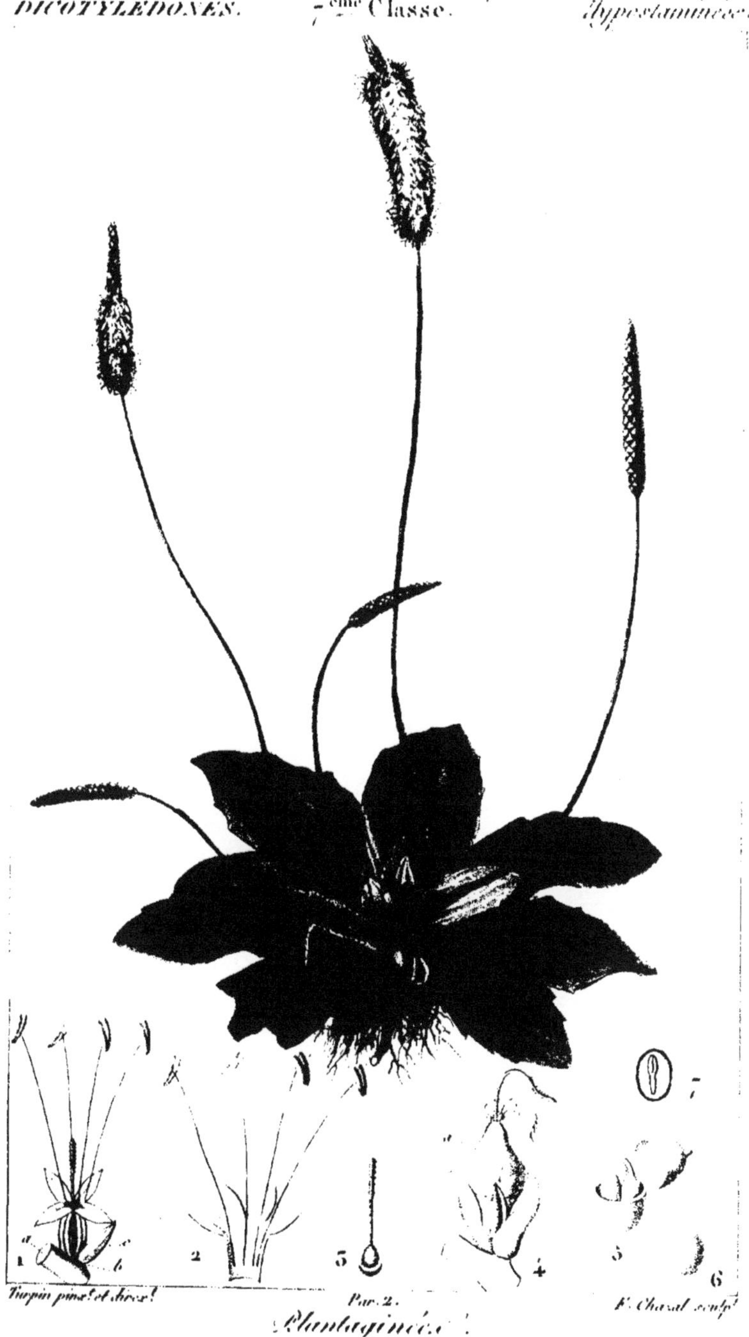

Turpin pinx.t et direx.t — Par. 2. — F. Chazal sculp.t

(Plantaginées.)

PLANTAIN moyen.

PLANTAGO media. (Lin.)

(1/3 Grand. nat.)

TABLEAU XLIX.

Méthode naturelle de M.r De Jussieu.

DICOTYLÉDONES. 8eme Classe. *Hypocorollées*

Turpin pinx.t et direx.t *Pl. 2.* *M.e Massard sculp.t*

Convolvulacées.

LISERON des champs.

CONVOLVULUS arvensis. (*Lin.*)

TABLEAU I.

Méthode naturelle de M.r De Jussieu.

DICOTYLÉDONES. 9ème Classe. *Péricorollées.*

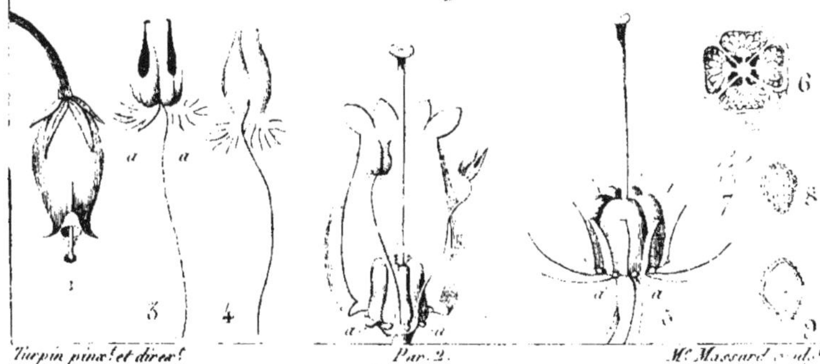

Turpin pinx.t et direx.t *Par. 2.* *M.e Massard sculp.t*

Bicorne.

BRUYÈRE cendrée.

ERICA cinerea. *(Lin.)*

(Grand. nat.)

TABLEAU LI.

Méthode naturelle de M.r De Jussieu.

DICOTYLÉDONES. 10.eme Classe. *Epicorollées Synanthérées.*

Turpin pinx.t et direx.t Par. 2. *M.e Massard sculp.t*

Synanthérées.

CHRYSANTHÈME élevée.

CHRYSANTHEMUM præaltum. (*Vent. H. Cels. Tab. 43.*)

(*1/2 Grand. nat.*)

TABLEAU LII.

Méthode naturelle de Mr. De Jussieu.

DICOTYLÉDONES. IIème Classe. *Épicorollées-corisanthérées.*

Turp. pinx. et direx. *Par. 2.* *Mr. Rebel sculp.*

Rubiacées.

ASPÉRULE des champs.

ASPERULA arvensis. *Lin.*

Grand. nat.

TABLEAU LIII.

Méthode naturelle de M.r De Jussieu.

DICOTYLÉDONES. 12ème Classe. *Epipétalées.*

Turpin pinx.t et direx.t *Par. 2.* *M.e Massard sculp.t*

(Ombellifères.)

TORDYLE élevé.

TORDYLIUM maximum. *(Lin.)*

(1/2 Grand. nat.)

TABLEAU LIV.

Méthode naturelle de Mr. De Jussieu.

DICOTYLÉDONES. 13ème Classe. *Hypopétalées.*

Turpin pinx.t et direx.t *Pac. 2.* *Mr. Massard sculp.t*

Renonculacées.

RENONCULE flammète.

RANUNCULUS flammula *(Lin.)*

(3/4 de Grand. nat.)

TABLEAU LV.

Méthode naturelle de Mr. De Jussieu.

DICOTYLÉDONES. 14eme Classe. *Péristaminées.*

Turpin pinx. et direx. *Par. 2.* *Mr. Massard sculp.*

Légumineuses.

LATHYRUS odoratus. *(Lin.)*

GESSE odorante.

2/3 Grand.

TABLEAU LVI.

Méthode naturelle de M.r de Jussieu.

DICOTYLÉDONES. 15.eme Classe. *Diclines.*

Turpin pinx.t et direx.t *Pl. 2.* *Giraud sculp.t*

Artocarpées. (DC.)

PAPYRIER du Japon.

BROUSSONETIA papyrifera *(l'Hérit.)*

(1/2 Grand. nat.)

TABLEAU LVI. Pl.

Méthode naturelle de M. A. L. de Jussieu.

DICOTYLÉDONES. 15ème Classe. *Diclines*

Turpin pinx. et direx. *Pér. 2.* *Giraud sculp.*

PASSIFLORE ailée.

PASSIFLORA alata. *Ait.*

2/3 Grand. nat.